中国建筑学会室内设计分会推荐

高等院校环境艺术设计专业指导教材

环境艺术设计工程量清单与计价

（第二版）

张长江　编著

中国建筑工业出版社

图书在版编目(CIP)数据

环境艺术设计工程量清单与计价/张长江编著. —2版.
北京：中国建筑工业出版社，2010.10 (2023.7重印)
中国建筑学会室内设计分会推荐高等院校环境艺术设
计专业指导教材
ISBN 978-7-112-12451-0

Ⅰ.①环… Ⅱ.①张… Ⅲ.①建筑设计：环境设计-
建筑装饰-工程造价-高等学校-教材 Ⅳ.①TU－856
②TU723.3

中国版本图书馆 CIP 数据核字(2010)第 187289 号

中国建筑学会室内设计分会推荐
高等院校环境艺术设计专业指导教材

环境艺术设计工程量清单与计价
(第二版)

张长江 编著

*

中国建筑工业出版社出版、发行(北京西郊百万庄)
各地新华书店、建筑书店经销
北京天成排版公司制版
建工社(河北)印刷有限公司印刷

*

开本：787×1092毫米 1/16 印张：13¼ 字数：330千字
2010年11月第二版 2023年7月第十四次印刷
定价：**35.00**元
ISBN 978-7-112-12451-0
(34425)

本教材重点围绕工程量清单与计价有关的建筑经济的相关基本定义与概念，以建筑装饰装修为主线，详细举例说明分部分项工程量清单与计价的计算方法与步骤。为了达到通过学习后，就能够依据本教材编制工程量清单，并在清单的基础上进而完成计价的两项工作目的，教材根据实际工程所涉及的范围，在全面编入装饰装修工程与园林绿化工程工程量清单项目及计算规则的基础上，还选择编入与环境艺术设计工程关系较大的建筑工程、安装工程、市政工程的部分工程量清单项目及计算规则。为了达到配套完成计价的目的，本教材还通过市场调查，有代表性的列入了人工费与材料费的参考价格。本教材在介绍招投标文件编制方法的同时，重点介绍了投标文件的格式要求，以及编制过程中应注意的一些问题。为了最终完成投标文件的编制，教材还介绍了行业管理的一些特殊规定，以使学生对于招投标工作有一个比较全面的了解。

本书可作为环境艺术设计类、景观设计类大学本科的专业教材，也可作为相关专业学习与工作的参考书。

*　　*　　*

责任编辑：郭洪兰
责任设计：陈　旭
责任校对：王　颖　赵　颖

再 版 说 明

（第二版）

　　自从 2006 年 11 月第一版的《环境艺术设计工程量清单与计价》教材出版以来，前后已经印刷了九次。而且在 2015 年被教育部评为"十二五"普通高等教育本科国家级规划教材，2013 年、2015 年被辽宁省分别评为"十二五"普通高等教育本科省级首批与第二批规划教材。2011 年获大连市科学著作奖二等奖。2011 年获中国建筑学会室内设计分会优秀著作奖。

　　随着装饰装修与绿化景观专业科研与教学工作的发展需要，本次进行了如下修订。

　　1　《建设工程工程量清单计价规范》GB 50500—2008，相对于 2003 年清单计价规范修改与增加的部分内容。

　　2　由于设计艺术学的环境设计已由室内部分扩展到景观部分，虽然原来在总论、清单、市场材料价格内容也有景观部分，但在计价分析部分和案例部分仍有欠缺，严重影响了教学发展的需要，所以本次增加了景观部分的有关内容。

　　3　增加了专业措施费部分脚手架的计算方法。

　　4　增加了 2008 年市场关于装饰装修与景观部分的市场材料参考价格。

　　5　《建筑工程建筑面积计算规范》GB/T 50353—2013 代替了 2005 旧版。

　　关于《建设工程工程量清单计价规范》的适用范围，应该指出的是全部使用国有资产投资或国有资产投资为主的工程建设项目。

　　关于"控制量、指导价、竞争费"新举措中的费用竞争需要指出的是，措施项目清单中的安全文明施工费应按国家或省、行业建设主管部门的规定计价，不得作为竞争性费用。规费和税金应按国家或省、行业建设主管部门的规定计算，也不得作为竞争性费用。

　　参加本次编写工作的还有张翮、那延安、朱晓光、曹福存、王萍、吴澄等。尤其要感谢大连正圆景观艺术设计有限公司对于景观实施设计案例的提供。

　　虽然经过了这么多年的课程实践，这次教材也做了相应的改进，也仍然难免会存在这样与那样的问题，恳请各校专业教师在授课时，一经发现，给予指正。以便在今后的印刷与出版工作中加以改正。

大连艺术学院设计学院　张长江
2017 年 2 月 10 日

出 版 说 明

　　中国的室内设计教育已经走过了四十多年的历程。1957 年在中国北京中央工艺美术学院(现清华大学美术学院)第一次设立室内设计专业，当时的专业名称为"室内装饰"。1958 年北京兴建十大建筑，受此影响，装饰的概念向建筑拓展，至 1961 年专业名称改为"建筑装饰"。实行改革开放后的 1984 年，顺应世界专业发展的潮流又更名为"室内设计"，之后在 1988 年室内设计又进而拓展为"环境艺术设计"专业。据不完全统计，到 2004 年，全国已有 600 多所高等院校设立与室内设计相关的各类专业。

　　一方面，以装饰为主要概念的室内装修行业在我们的国家波澜壮阔般地向前推进，成为国民经济支柱性产业。而另一方面，在我们高等教育的专业目录中却始终没有出现"室内设计"的称谓。从某种意义上来讲，也许是 20 世纪 80 年代末环境艺术设计概念的提出相对于我们的国情过于超前。虽然十数年间以环境艺术设计称谓的艺术设计专业，在全国数百所各类学校中设立，但发展却极不平衡，认识也极不相同。反映为理论研究相对滞后，专业师资与教材缺乏，各校间教学体系与教学水平存在着较大的差异，造成了目前这种多元化的局面。出现这样的情况也毫不奇怪，因为我们的艺术设计教育事业始终与国家的经济建设和社会的体制改革发展同步，尚都处于转型期的调整之中。

　　设计教育诞生于发达国家现代设计行业建立之后，本身具有艺术与科学的双重属性，兼具文科和理科教育的特点，属于典型的边缘学科。由于我们的国情特点，设计教育基本上是脱胎于美术教育。以中央工艺美术学院(现清华大学美术学院)为例，自 1956 年建校之初就力戒美术教育的单一模式，但时至今日仍然难以摆脱这种模式的束缚。而具有鲜明理工特征的我国建筑类院校，在创办艺术设计类专业时又显然缺乏艺术的支撑，可以说两者都处于过渡期的阵痛中。

　　艺术素质不是象牙之塔的贡品，而是人人都必须具有的基本素质。艺术教育是高等教育整个系统中不可或缺的重要环节，是完善人格培养的美育的重要内容。艺术设计虽然是以艺术教育为出发点，具有人文学科的主要特点，但它是横跨艺术与科学之间的桥梁学科，也是以教授工作方法为主要内容，兼具思维开拓与技能培养的双重训练性专业。所以，只有在国家的高等学校专业目录中：将"艺术"定位于学科门类，与"文学"等同；将"艺术设计"定位于一级学科，与"美术"等同。随之，按照现有的社会相关行业分类，在艺术设计专业下设置相应的二级学科，环境艺术设计才能够得到与之相适应的社会专业定位，惟有这样才能赶上迅猛发展的时代步伐。

　　由于社会发展现状的制约，高等教育的艺术设计专业尚没有国家权威的管理指导机构。"中国建筑学会室内设计分会教育工作委员会"是目前中国惟一能够担负起指导环境艺术设计教育的专业机构。教育工作委员会近年来组织了一系列全国范围的专业交流活动。在活动中，各校的代表都提出了编写相对统一的专业教材的愿望。因为目前已经出版的几套教材都是以单个学校或学校集团的教学系统为蓝本，在具体的使用中缺乏普遍的指导意义，适应性较弱。为此，教育工作委员会组织全国相关院校的环境艺术设计专业教育专家，编写了这套具有指导意义的符合目前国情现状的实用型专业教材。

中国建筑学会室内设计分会教育工作委员会

2006 年 12 月

前　言

　　艺术设计专业是横跨于艺术与科学之间的综合性、边缘性学科。艺术设计产生于工业文明高速发展的 20 世纪。具有独立知识产权的各类设计产品，成为艺术设计成果的象征。艺术设计的每个专业方向在国民经济中都对应着一个庞大的产业，如建筑室内装饰行业、服装行业、广告与包装行业等。每个专业方向在自己的发展过程中无不形成极强的个性，并通过这种个性的创造，以产品的形式实现其自身的社会价值。从环境生态学的认识角度出发，任何一门艺术设计专业方向的发展都需要相应的时空，需要相对丰厚的资源配置和适宜的社会政治、经济、技术条件。面对信息时代和经济全球化，世界呈现时空越来越小的趋势，人工环境无限制扩张，导致自然环境日益恶化。在这样的情况下，专业学科发展如不以环境生态意识为先导，走集约型协调综合发展的道路，势必走入死胡同。

　　随着 20 世纪后期由工业文明向生态文明的转化，可持续发展思想在世界范围内得到共识并逐渐成为各国发展决策的理论基础。环境艺术设计的概念正是在这样的历史背景下从艺术设计专业中脱颖而出的，其基本理念在于设计从单纯的商业产品意识向环境生态意识的转换，在可持续发展战略总体布局中，处于协调人工环境与自然环境关系的重要位置。环境艺术设计最终要实现的目标是人类生存状态的绿色设计，其核心概念就是创造符合生态环境良性循环规律的设计系统。

　　环境艺术设计所遵循的绿色设计理念成为相关行业依靠科技进步实施可持续发展战略的核心环节。

　　国内学术界最早在艺术设计领域提出环境艺术设计的概念是在 20 世纪 80 年代初期。在世界范围内，日本学术界在艺术设计领域的环境生态意识觉醒的较早，这与其狭小的国土、匮乏的资源、相对拥挤的人口有着直接的关系。进入 80 年代后期国内艺术设计界的环境意识空前高涨，于是催生了环境艺术设计专业的建立。1988 年当时的国家教育委员会决定在我国高等院校设立环境艺术设计专业，1998 年成为艺术设计专业下属的专业方向。据不完全统计，在短短的十数年间，全国有 400 余所各类高等院校建立了环境艺术设计专业方向。进入 21 世纪，与环境艺术设计相关的行业年产值就高达人民币数千亿元。

　　由于发展过快，而相应的理论研究滞后，致使社会创作实践有其名而无其实。决策层对环境艺术设计专业理论缺乏基本的了解。虽然从专业设计者到行政领导都在谈论可持续发展和绿色设计，然而在立项实施的各类与环境有关的工程项目中却完全与环境生态的绿色概念背道而驰。导致我们的城市景观、建筑与室内装饰建设背离了既定的目标。毫无疑问，迄今为止我们人工环境(包括城市、建筑、室内环境)的发展是以对自然环境的损耗作为代价的。例如：光污染的城市亮丽工程；破坏生态平衡的大树进城；耗费土地资源的小城市大广场；浪费自然资源的过度装修等等。

　　党的十六大将"可持续性发展能力不断增强，生态环境得到改善，资源利用效率显著提高，促进人与自然的和谐，推动整个社会走上生产发展、生活富裕、生态良好的文明发展道路"作为全面建设小康社会奋斗目标的生态文明之路。环境艺术设计正是从艺术设计学科的角度，为实现宏大的战略目标而落实于具体的重要社会实践。

"环境艺术"这种人为的艺术环境创造，可以自在于自然界美的环境之外，但是它又不可能脱离自然环境本体，它必须植根于特定的环境，成为融合其中与之有机共生的艺术。可以这样说，环境艺术是人类生存环境的美的创造。

"环境设计"是建立在客观物质基础上，以现代环境科学研究成果为指导，创造理想生存空间的工作过程。人类理想的环境应该是生态系统的良性循环，社会制度的文明进步，自然资源的合理配置，生存空间的科学建设。这中间包含了自然科学和社会科学涉及的所有研究领域。

环境设计以原在的自然环境为出发点，以科学与艺术的手段协调自然、人工、社会三类环境之间的关系，使其达到一种最佳的运行状态。环境设计具有相当广的含义，它不仅包括空间实体形态的布局营造，而且更重视人在时间状态下的行为环境的调节控制。

环境设计比之环境艺术具有更为完整的意义。环境艺术应该是从属于环境设计的子系统。

环境艺术品创作有别于单纯的艺术品创作。环境艺术品的概念源于环境生态的概念，即它与环境互为依存的循环特征。几乎所有的艺术与工艺美术门类，以及它们的产品都可以列入环境艺术品的范围，但只要加上环境二字，它的创作就将受到环境的限定和制约，以达到与所处环境的和谐统一。

"环境艺术"与"环境设计"的概念体现了生态文明的原则。我们所讲的"环境艺术设计"包括了环境艺术与环境设计的全部概念。将其上升为"设计艺术的环境生态学"，才能为我们的社会发展决策奠定坚实的理论基础。

环境艺术设计立足于环境概念的艺术设计，以"环境艺术的存在，将柔化技术主宰的人间，沟通人与人、人与社会、人与自然间和谐的、欢愉的情感。这里，物（实在）的创造，以它的美的存在形式在感染人，空间（虚在）的创造，以他的亲切、柔美的气氛在慰藉人[1]。"显然环境艺术所营造的是一种空间的氛围，将环境艺术的理念融入环境设计所形成的环境艺术设计，其主旨在于空间功能的艺术协调。"如 Gorden Cullen 在他的名著《Townscape》一书中所说，这是一种'关系的艺术'（art of relationship），其目的是利用一切要素创造环境：房屋、树木、大自然、水、交通、广告以及诸如此类的东西，以戏剧的表演方式将它们编织在一起[2]。"诚然环境艺术设计并不一定要创造凌驾于环境之上的人工自然物，它的设计工作状态更像是乐团的指挥、电影的导演。选择是它设计的方法，减法是它技术的长项，协调是它工作的主题。可见这样一种艺术设计系统是符合于生态文明社会形态的需求。

目前，最能够体现环境艺术设计理念的文本，莫过于联合国教科文组织实施的《保护世界文化和自然遗产合约》。在这份文件中，文化遗产的界定在于：自然环境与人工环境、

---

〔1〕 潘昌侯：我对"环境艺术"的理解，《环境艺术》第 1 期 5 页，中国城市经济社会出版社 1988 年版。
〔2〕 程里尧：环境艺术是大众的艺术，《环境艺术》第 1 期 4 页，北京：中国城市经济社会出版社 1988 年版。

美学与科学高度融汇基础上的物质与非物质独特个性体现。文化遗产必须是"自然与人类的共同作品"。人类的社会活动及其创造物有机融入自然并成为和谐的整体，是体现其环境意义的核心内容。

根据《保护世界文化和自然遗产合约》的表述：文化遗产主要体现于人工环境，以文物、建筑群和遗址为《世界遗产名录》的录入内容；自然遗产主要体现于自然环境，以美学的突出个性与科学的普遍价值所涵盖的同地质生物结构、动植物物种生态区和天然名胜为《世界遗产名录》的录入内容。两类遗产有着极为严格的收录标准。这个标准实际上成为以人为中心理想环境状态的界定。

文化遗产界定的环境意义，即：环境系统存在的多样特征；环境系统发展的动态特征；环境系统关系的协调特征；环境系统美学的个性特征。

环境系统存在的多样特征：在一个特定的环境场所，存在着物质与非物质的多样信息传递。自然与人工要素同时作用于有限的时空，实体的物象与思想的感悟在场所中交汇，从而产生物质场所的精神寄托。文化的底蕴正是通过环境场所的这种多样特征得以体现。

环境系统发展的动态特征：任何一个环境场所都不可能永远不变，变化是永恒的，不变则是暂时的，环境总是处于动态的发展之中。特定历史条件下形成的人居文化环境一旦毁坏，必定造成无法逆转的后果。如果总是追随变化的潮流，终有一天生存的空间会变成文化的沙漠。努力地维持文化遗产的本源，实质上就是为人类留下了丰富的文化源流。

环境系统关系的协调特征：环境系统的关系体现于三个层面，自然环境要素之间的关系；人工环境要素之间的关系；自然与人工的环境要素之间的关系。自然环境要素是经过优胜劣汰的天然选择而产生的，相互的关系自然是协调的；人工环境要素如果规划适度、设计得当也能够做到相互地协调；惟有自然与人工的环境要素之间要做到相互关系地协调则十分不易。所以在世界遗产名录中享有文化景观名义的双重遗产凤毛麟角。

环境系统美学的个性特征：无论是自然环境系统还是人工环境系统，如果没有个性突出的美学特征，就很难取得赏心悦目的场所感受。虽然人在视觉与情感上愉悦的美感，不能替代环境场所中行为功能的需求。然而在人为建设与环境评价的过程中，美学的因素往往处于优先考虑的位置。

在全部的世界遗产概念中，文化景观标准的理念与环境艺术设计的创作观念比较一致。如果从视觉艺术的概念出发，环境艺术设计基本上就是以文化景观的标准在进行创作。

文化景观标准所反映的观点，是在肯定了自然与文化的双重含义外，更加强调了人为有意的因素。所以说，文化景观标准与环境艺术设计的基本概念相通。

文化景观标准至少有以下三点与环境艺术设计相关的含义：

第一，环境艺术设计是人为有意的设计，完全是人类出于内在主观愿望的满足，对外在客观世界生存环境进行优化的设计。

第二，环境艺术设计的原在出发点是"艺术"，首先要满足人对环境的视觉审美，也就是说美学的标准是放在首位的，离开美的界定就不存在设计本质的内容。

第三，环境艺术设计是协调关系的设计，环境场所中的每一个单体都与其他的单体发生着关系，设计的目的就是使所有的单体都能够相互协调，并能够在任意的位置都以最佳的视觉景观示人。

以上理念基本构成了环境艺术设计理论的内涵。

鉴于中国目前的国情，要真正完成环境艺术设计从书本理论到社会实践的过渡，还是一个十分艰巨的任务。目前高等学校的环境艺术设计专业教学，基本是以"室内设计"和"景观设计"作为实施的专业方向。尽管学术界对这两个专业方向的定位和理论概念还存在着不尽统一的认识，但是迅猛发展的社会是等不及笔墨官司有了结果才前进的。高等教育的专业理念超前于社会发展也是符合逻辑的。因此，呈现在面前的这套教材，是立足于高等教育环境艺术设计专业教学的现状来编写的，基本可以满足一个阶段内专业教学的需求。

中国建筑学会室内设计分会
教育工作委员会主任：郑曙旸
2006 年 12 月

编　者　的　话

　　2001 年 11 月 20 日 23 点 38 分，世界贸易组织(WTO)审议通过中国入世的决定。1947 年中国是 23 个关贸总协定(GATT)的签约国之一，1986 年 7 月我国正式要求恢复在 GATT 中的缔约国地位。中国加入世贸，从此结束了复关到入世的 15 年的历程。

　　入世后，中华人民共和国建设部庄严向世界承诺，实行建设实物量清单计价制度。《建设工程工程量计价规范》GB50500—2003 已于 2003 年 2 月 17 日经建设部第 119 号公告批准颁布，于 2003 年 7 月实施。使我国开始逐步实现"政府宏观调控、企业自主报价、市场形成价格"的新格局。由过去固定的"量"、"价"、"费"定额为主导的静态管理模式，实行了"控制量、指导价、竞争费"动态管理模式的新举措。

　　过去建筑装饰装修是建筑工程中的一个分部工程，现已升至单位工程，与土建、安装、市政、园林绿化一起成为单项工程。自室内设计学科创始，经过 20 多年的发展已成为一个比较大的含景观设计在内的环境艺术设计专业学科。为了适应本科生毕业后执业的要求，作为学生在校的执业准备课程，全国不少院校开设了实物量或工程量清单与计价的课程。为适应教学工作的迫切需要，由大连工业大学(原大连轻工业学院)艺术设计学院张长江编写了这本《环境艺术设计工程实物量清单与计价》的教材。由于时间匆忙，专业水平有限，一定还会有不少问题，希望在使用过程中各位提出宝贵意见，以便不断地完善。

　　这本教材充分考虑了环境艺术设计专业学科学生的知识结构以及相关专业水平，力求简明扼要，浅显易懂，注重基本概念及实际操作的要求，划定了基本的知识范围。为了有利于教学工作的开展，附上教学案例的学生作业与中标的工程案例，以便研讨之用。

　　感谢金雪峰、王静雯、张翮、周波、刘爽、陶力、王文联、刘小英、刘玉萍、杨彬彬为本书提供的案例及对文字、表格、图纸所做的整理工作。尤其要感谢东北财经大学投资与工程管理系余明副教授在百忙中对本书进行审校，并提出建设性的宝贵意见。

目　录

第一章　建设工程估价

第一节　建筑安装工程费用项目的组成与计算

一、建筑安装工程费用项目组成

环境艺术设计工程费用是建筑安装工程费用的一部分。我国现行建筑安装工程费用项目组成(参见建标〔2003〕206号关于印发《建筑安装工程费用项目组成》的通知与《建设工程工程量清单计价规范》GB 50500—2008)如表1-1所示，包括直接费、间接费、利润和税金。其中直接费包括直接工程费与措施费。

建筑安装工程费用项目组成　　　　　　　　　　　表 1-1

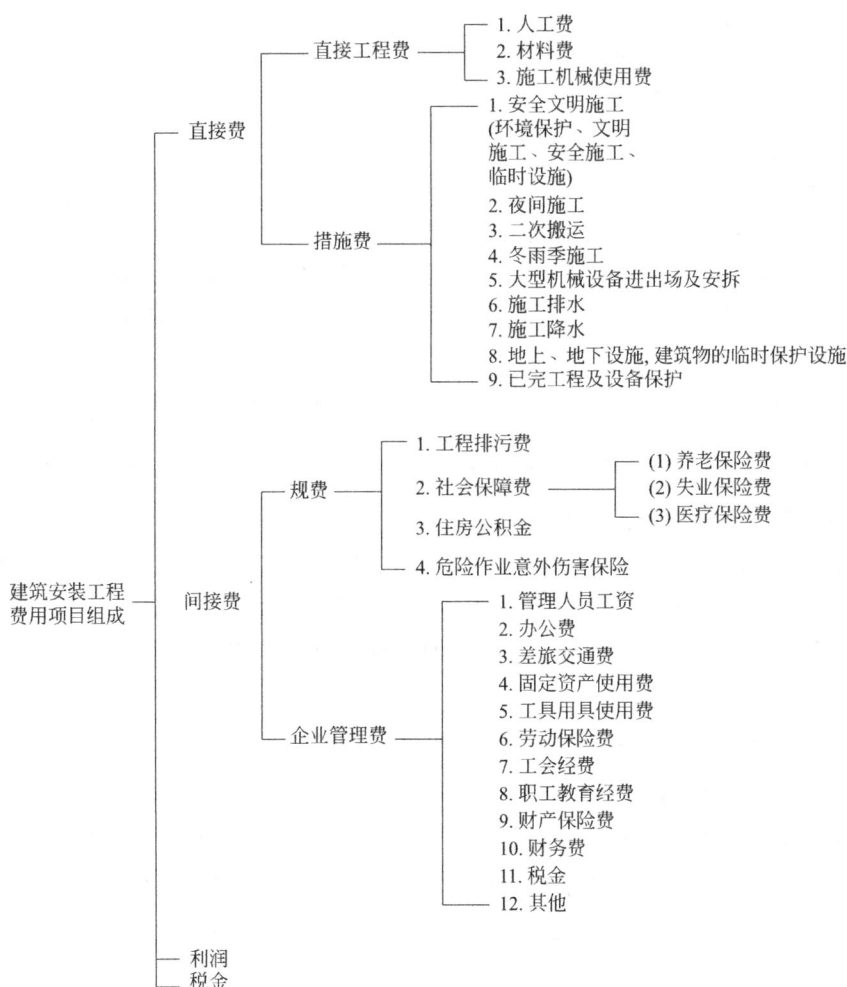

间接费包括规费与企业管理费。直接工程费包含人工费、材料费与施工机械使用费，这是建筑安装工程费用的核心部分。

为了详细了解表中的各项费用定义、构成及相关算式，以下对其做逐一阐述。

二、直接工程费

直接工程费是指施工过程中直接耗费在工程实体内的各项费用，其构成包括人工费、材料费和施工机械使用费。

1. **人工费**是指直接从事建筑安装工程施工生产工人开支的各项费用。单位工程量人工费的计算公式为：

$$人工费 = \sum (工日消耗量 \times 日工资单价) \tag{1-1-1}$$

$$G = \sum_{i=1}^{5} G_i \tag{1-1-2}$$

式中　G——日工资单价；

　　G_1——日基本工资；

　　G_2——日工资性补贴；

　　G_3——日生产工人的辅助工资；

　　G_4——日职工福利费；

　　G_5——日生产工人的劳动保护费；

其中的日工资单价组成为：

(1) **基本工资**：是指发放给生产工人的基本工资。

$$日基本工资 = 生产工人平均月工资 / 年平均每月法定工作日 \tag{1-1-3}$$

(2) **工资性补贴**：是指按规定标准发放的物价补贴，煤、燃气补贴，住房补贴，交通补贴和流动施工津贴等。

$$日工资性补贴 = \left[\sum 年发放标准 / (全年日历日 - 法定假日)\right]$$

$$+ \left(\sum 月发放标准 / 年平均每月法定工作日\right) + 每工作日发放标准 \tag{1-1-4}$$

(3) **生产工人辅助工资**：是指生产工人年有效施工天数以外非作业天数的工资，包括职工学习、培训期间的工资，调动工作、探亲、休假期间的工资，因气候影响的停工工资，女工哺乳时间的工资，病假在六个月以内的工资，以及产、婚、丧假期的工资等。

$$日生产工人辅助工资 = 全年无效工作日 \times (G_1 + G_2) / (全年日历日 - 法定假日)$$

$$\tag{1-1-5}$$

(4) **职工福利费**：是指按规定标准计提的职工福利费。

$$日职工福利费 = (G_1 + G_2 + G_3) \times 福利费计提比例 \tag{1-1-6}$$

(5) **生产工人劳动保护费**：是指按规定标准发放的劳动保护用品的购置费、修理费、徒工服装补贴、防暑降温费和在有碍身体健康环境中施工的保健费用等。

$$日生产工人劳动保护费 = 生产工人年平均支出劳动保护费 / (全年日历日 - 法定假日)$$

$$\tag{1-1-7}$$

2. **材料费**是指在施工过程中所耗用的构成工程实体的原材料、辅助材料、购配件、零件和半成品的费用。内容包括：

（1）**材料原价**(或供应价格)；

（2）**材料运杂费**指的是材料自来源地运至工地仓库或指定堆放地点所发生的全部费用；

（3）**运输损耗费**指的是材料在运输装卸过程中所发生的不可避免的损耗而产生的费用；

（4）**采购及保管费**是指为组织材料的采购、供应和保管过程中所需要的各项费用，它包括材料采购费、仓储费、工地保管费和仓储损耗；

（5）**检验试验费**是指对材料、构件和安装物进行一般鉴定和检查所发生的费用。包括自设试验室进行试验所耗用的材料和化学药品等费用。不包括新结构、新材料的试验费，也不包括建设单位对具有出厂合格证明的材料进行检验，对构件做破坏性试验及其他特殊要求检验试验的支出费用。

单位工程量材料费的计算公式为：

$$材料费 = \sum(材料消耗量 \times 材料基价) + 检验试验费 \qquad (1\text{-}1\text{-}8)$$

$$材料基价 = [(供应价格 + 运杂费) \times (1 + 运输损耗率)] \times (1 + 采购保管费率) \qquad (1\text{-}1\text{-}9)$$

$$检验试验费 = \sum(单位材料量检验试验费 \times 材料消耗量) \qquad (1\text{-}1\text{-}10)$$

3. **施工机械使用费**是指施工机械作业所发生的机械使用费以及机械安、拆费和场外运费。单位工程量施工机械使用费的计算公式为：

$$施工机械使用费 = \sum(施工机械台班消耗量 \times 机械台班单价) \qquad (1\text{-}1\text{-}11)$$

$$机械台班单价 = 台班折旧费 + 台班大修费 + 台班经常修理费 + 台班安拆费及场外运费 + 台班人工费 + 台班燃料动力费 + 台班养路费及车船使用税 \qquad (1\text{-}1\text{-}12)$$

（1）**折旧费**是指施工机械在规定的使用年限内，陆续收回其原值及购置资金的时间价值。

其计算公式为：

$$台班折旧费 = 机械预算价格 \times (1 - 残值率)/耐用总台班数 \qquad (1\text{-}1\text{-}13)$$

$$耐用总台班数 = 折旧年限 \times 年工作台班 \qquad (1\text{-}1\text{-}14)$$

（2）**大修理费**是指施工机械按规定的大修理间隔台班进行必要的大修理，以恢复其正常使用功能所需要的费用。

其计算公式如下：

$$台班大修理费 = 一次大修理费 \times 大修次数/耐用总台班数 \qquad (1\text{-}1\text{-}15)$$

（3）**经常修理费**是指施工机械除大修理以外的各级保养和临时故障排除的所需费用，包括为保障机械正常运转所需替换设备与随机配备工具附具的摊销和维护费用，机械运转中日常保养所需润滑与擦拭的材料费用，以及机械停滞期间的维护和保养费用等。

（4）**安拆费及场外运费**的安拆费是指施工机械在现场进行安装与拆卸所需的人工、材料、机械和试运转费用以及机械辅助设施的折旧、搭设、拆除等费用，场外运费是指施工机械整体或分体自停放地点运至施工现场，或由一施工地点运至另一施工地点的运输、装卸、辅助材料及架线等费用。

（5）**人工费**是指施工机械的机上司机（司炉）和其他操作人员的工作日人工费，以及上述人员在施工机械规定的年工作台班以外的人工费。

（6）**燃料动力费**是指施工机械在运转作业中所消耗的固体燃料（煤、木柴）、液体燃料（汽油、柴油）及水、电等。

（7）**养路费及车船使用税**是指施工机械按照国家规定及有关部门规定应缴纳的养路费、车船使用税、保险费及年检费等。

三、措施费

措施费指的是为完成工程项目施工，而发生于该工程施工前和施工过程中非工程实体项目的费用，通用项目措施费包括环境保护费、文明施工费、安全施工费、临时设施费、夜间施工增加费、二次搬运费、大型机械进出场及安拆费、冬雨季施工费、地上、地下设施及建筑物临时保护设施费、已完工程及设备保护费和施工排水、降水费。装饰装修专项措施费包括脚手架费、垂直运输机械费与空气污染测试费用等。

1. **环境保护费**指的是施工现场为达到政府环保部门环境保护要求所发生的有关费用。

$$环境保护费 = 直接工程费 \times 环境保护费费率 \tag{1-1-16}$$

$$环境保护费费率 = 本项费用年度平均支出/全年建安产值 \times 直接工程费占总造价比例 \tag{1-1-17}$$

2. **文明施工费**指的是完成施工现场文明施工需要所发生的各项费用。

$$文明施工费 = 直接工程费 \times 文明施工费费率 \tag{1-1-18}$$

$$文明施工费费率 = 本项费用年度平均支出/全年建安产值 \times 直接工程费占总造价比例 \tag{1-1-19}$$

3. **安全施工费**是指施工现场达到安全施工要求所需要的各项费用。

$$安全施工费 = 直接工程费 \times 安全施工费费率 \tag{1-1-20}$$

$$安全施工费费率 = 本项费用年度平均支出/全年建安产值 \times 直接工程费占总造价比例 \tag{1-1-21}$$

4. **临时设施费**指的是施工企业为进行工程施工所必须搭设的生活和生产用的临时建筑物、构筑物和其他临时设施费用等。其中临时设施一般包括：临时宿舍、文化福利及公用事业房屋与构筑物、仓库、办公室、加工厂以及规定范围内的道路、水、电、管线等临时设施和小型临时设施。其临时设施费用具体应包括临时设施的搭设、维修、拆除或摊销费。

$$临时设施费 = (周转使用临建费 + 一次性使用临建费) \times (1 + 其他临时设施所占比例) \tag{1-1-22}$$

式中：

（1）周转使用临建费：

$$周转使用临建费 = \sum \left[\frac{临时面积 \times 每平方米造价}{使用年限 \times 365 \times 利用率} \times 工期(天) \right] + 一次性拆除费 \tag{1-1-23}$$

（2）一次性使用临建费：

$$一次性使用临建费 = \sum 临建面积 \times 每平方米造价 \times (1-残值率) + 一次性拆除费$$

$$(1-1-24)$$

（3）其他临时设施在临时设施费中所占比例，可由各地区造价管理部门依据典型施工企业的成本资料经分析后综合测定。

5. **夜间施工增加费**指的是因夜间施工所需要的夜班补助费、夜间施工降效、夜间施工照明设备摊销及照明用电等费用。

$$夜间施工增加费 = \left\{ 1 - \frac{合同工期}{定额工期} \right\} \times \frac{直接工程费中的人工费合计}{平均日工资单价} \times 每工日夜间施工费开支$$

$$(1-1-25)$$

6. **二次搬运费**指的是因施工场地狭小等特殊情况而发生的材料二次搬运费用。

$$二次搬运费 = 直接工程费 \times 二次搬运费费率 \qquad (1-1-26)$$

$$二次搬运费费率 = 年平均二次搬运费开支额/全年建安产值 \times 直接工程费占总造价比例$$

$$(1-1-27)$$

7. **大型机械设备进出场及安拆费**指的是机械整体或分体自停放场地运至施工现场或由一个施工地点转运至另一个施工地点，所发生的机械进出场运输费用，以及机械在施工现场进行安装和拆卸所需的人工费、材料费、机械费、试运转费及安装所需的辅助设施的费用。

$$大型机械进出场及安拆费 = 一次进出场及安拆费 \times 年平均安拆次数/年工作台班$$

$$(1-1-28)$$

8. **混凝土、钢筋混凝土模板及支架费**指的是混凝土施工过程中需要的各种钢模板、木模板、支架等的支、拆、运输费用及模板、支架的摊销或租赁费用。

$$模板及支架费 = 模板摊销量 \times 模板价格 + 支、拆、运输费 \qquad (1-1-29)$$

$$摊销量 = 一次使用量 \times (1+施工损耗) \times \big[(1+(周转次数-1) \times 补损率)/周转次数$$
$$- (1-补损率)50\%/周转次数 \big] \qquad (1-1-30)$$

$$租赁费 = 模板使用量 \times 使用日期 \times 租赁价格 + 支、拆、运输费 \qquad (1-1-31)$$

9. **脚手架费**指的是施工需要的各种脚手架搭、拆、运输费用及脚手架的摊销或租赁费用。

$$脚手架搭拆费 = 脚手架摊销量 \times 脚手架价格 + 搭、拆、运输费 \qquad (1-1-32)$$

$$脚手架摊销量 = 单位一次使用量 \times (1-残值率)/(耐用期 \div 一次使用期) \qquad (1-1-33)$$

$$租赁费 = 脚手架每日租金 \times 搭设周期 + 搭、拆、运输费 \qquad (1-1-34)$$

10. **已完工程及设备保护费**指的是工程竣工验收前，对已完工程及设备实施必要保护所需的费用。

$$已完工程及设备保护费 = 成品保护所需机械费 + 材料费 + 人工费 \qquad (1-1-35)$$

11. **施工排水、降水费**指的是为确保工程能在正常的条件下施工，采取各种排水、降水措施所需要的各种费用。

$$排水、降水费 = \sum 排水降水机械台班费 \times 排水降水周期$$
$$+ 排水降水使用材料费、人工费 \qquad (1-1-36)$$

12. **冬雨季施工费**指的是在冬雨期施工时所采取的防冻、保温、防雨安全措施及工效降低所增加的费用。此费用一般按工程所在地工程造价管理机构测定的相应费率(直接费工程为基数或人工费为基数)综合取定。

冬期施工费是指连续三天气温在5℃以下环境中施工所发生的费用,包括人工机械降效、除雪、水砂石加热、混凝土保温覆盖等发生的费用。

雨季施工费是指雨季施工的人机降效、防汛措施、工作面排雨水等发生的费用。

冬期施工工程量为符合冬期期间发生的工程量,而雨季施工则为全部工程量。

$$冬雨季施工费 = 直接费工程费 × 冬雨季施工费率 \qquad (1\text{-}1\text{-}37)$$

13. **地上、地下设施,建筑物的临时保护设施费**指的是为了保护施工现场的一些成品免受其他施工工序的破坏,而在施工现场搭设一些临时保护设施所发生的费用。

这两项费用一般都以直接工程费为取费依据,根据工程所在地工程造价管理机构测定的相应费率计算支出。

$$地上、地下设施,建筑物的临时保护设施费 = 直接工程费 ×$$
$$地上、地下设施,建筑物的临时保护设施费费率 \qquad (1\text{-}1\text{-}38)$$

四、规费

1. 规费的内容

规费是指政府和有关部门规定必须缴纳的费用,包括工程排污费、工程定额测定费、社会保障费、住房公积金、危险作业意外伤害保险。

(1) **工程排污费**指的是施工现场按规定缴纳的工程排污费。

(2) **工程定额测定费**指的是按有关规定支付工程造价(定额)管理部门的工程定额测定费。

(3) **社会保障费**指的是养老保险费、失业保险费和医疗保险费。其中**养老保险费**是企业按标准规定为职工缴纳的基本养老保险费;**失业保险费**是企业按照国家标准规定为职工缴纳的失业保险费;**医疗保险费**是企业按照标准规定为职工缴纳的基本医疗保险费。

(4) **住房公积金**指的是企业按国家规定的标准为职工缴纳的住房公积金。

(5) **危险作业意外伤害保险**指的是企业为从事危险作业的建筑安装施工人员所要支付的意外伤害保险费。

2. 规费费率的计算公式

(1) 直接费为计算基础

$$规费费率 = \frac{\sum 规费缴纳标准 × 每万元发承包价计算基数}{每万元发承包价中的人工费含量} × 人工费占直接费的比例$$

$$(1\text{-}1\text{-}39)$$

(2) 人工费和机械费合计为计算基础

$$规费费率 = \frac{\sum 规费缴纳标准 × 每万元发承包价计算基数}{每万元发承包价中的人工费含量和机械费含量} × 100\% \qquad (1\text{-}1\text{-}40)$$

(3) 人工费为计算基础

$$规费费率 = \frac{\sum 规费缴纳标准 \times 每万元发承包价计算基数}{每万元发承包价中的人工费含量} \times 100\% \quad (1-1-41)$$

五、企业管理费

1. 企业管理费的内容

企业管理费指的是建筑安装企业为组织施工生产和经营管理所需要的费用。包括管理人员工资、办公费、差旅交通费、固定资产使用费、工具用具使用费、劳动保险费、工会经费、职工教育经费、财产保险费、财务费、税金和其他费用等。

(1) **管理人员工资**指的是企业管理人员的基本工资、工资性补贴、职工福利费和劳动保护费等。

(2) **办公费**指的是企业管理办公用的文具、纸张、账表、印刷、邮电、书报、会议、水电、烧水和集体取暖(包括现场临时宿舍取暖)用煤等费用。

(3) **差旅交通费**指的是职工因公出差、调动工作的差旅费、住勤补助费、市内交通费和误餐补助费、职工探亲路费、劳动力招募费、职工离退休或退职一次性路费、工伤人员就医路费、工地转移费,以及管理部门使用的交通工具的油料、燃料、养路费及牌照费等。

(4) **固定资产使用费**指的是管理和试验部门及附属生产单位所使用的属于固定资产范围的房屋、设备仪器等的折旧、大修、维修或租赁等费用。

(5) **工具用具使用费**指的是管理使用的不属于固定资产范围的生产工具、器具、消防设备、家具、交通工具,以及检验、试验、测绘等用具的购置、维修和摊销费。

(6) **劳动保险费**指的是由企业支付离退休职工的易地安家补助费、职工退职金、六个月以上的病假人员工资、职工死亡丧葬补助费、抚恤费、按规定支付给离休干部的各项经费。

(7) **工会经费**指的是企业按职工工资总额计提的工会经费。

(8) **职工教育经费**指的是企业为职工学习先进技术和提高文化水平,按职工工资总额计提的教育费用。

(9) **财产保险费**指的是企业的财产、车辆的保险费。

(10) **财务费**指的是企业为筹集资金而发生的各项费用支出。

(11) **税金**指的是企业按规定应缴纳的土地使用税、房产税、车船使用税、印花税等。

(12) **其他费用**,包括技术转让费、技术开发费、业务招待费、绿化费、广告费、公证费、法律顾问费、审计费、咨询费等。

2. 企业管理费费率计算公式

(1) 以直接费为计算基础:

$$企业管理费费率 = \frac{生产工人年平均管理费}{年施工有效天数 \times 人工单价} \times 人工费占直接费比例 \quad (1-1-42)$$

(2) 以人工费和机械费合计为计算基础:

$$企业管理费费率 = \frac{生产工人年平均管理费}{年施工有效天数 \times (人工单价 + 每一工日机械使用费)} \times 100\%$$

$$(1-1-43)$$

(3) 以人工费为计算基础：

$$企业管理费费率 = \frac{生产工人年平均管理费}{年施工有效天数 \times 人工单价} \times 100\% \qquad (1\text{-}1\text{-}44)$$

六、利润

利润指的是施工企业从完成承包工程所获得的盈利。按照不同的计价程序，利润的形成也有所不同。在编制报价时，依据不同的投资来源、工程类别实行差别利润率。入世后，随着市场经济的发展，企业将自主决定利润率。在投标时，企业可以根据工程的难易程度、市场竞争情况和自身的经营管理水平，合理确定利润及报价。

七、税金

税金指的是国家税法规定的应计入建筑工程造价内的营业税、城乡维护建设税及教育费附加等。**营业税**是由营业额所确定的税额，现为营业额的 3%。**城乡维护建设税**是国家为了加强城乡的维护建设，稳定和扩大城乡建设维护的资金来源，对有经营收入的单位和个人征收的一种税。纳税人所在地为市区的，按营业税的 7% 征收；所在地为县城、镇的，按营业税的 5% 征收；所在地为农村的，按营业税的 1% 征收。**教育费附加**是国家为解决办学教育而征收的税种，为营业税的 3%。税金的计算公式为：

$$税金 = (直接费 + 间接费 + 利润) \times 税率 \qquad (1\text{-}1\text{-}45)$$

1. 纳税地点在市区的企业：

$$税率 = 1/[1 - 3\% - (3\% \times 7\%) - (3\% \times 3\%)] - 1 = 3.41\% \qquad (1\text{-}1\text{-}46)$$

2. 纳税地点在县城、镇的企业：

$$税率 = 1/[1 - 3\% - (3\% \times 5\%) - (3\% \times 3\%)] - 1 = 3.35\% \qquad (1\text{-}1\text{-}47)$$

3. 纳税地点不在市区、县城、镇的企业：

$$税率 = 1/[1 - 3\% - (3\% \times 1\%) - (3\% \times 3\%)] - 1 = 3.22\% \qquad (1\text{-}1\text{-}48)$$

第二节 建筑安装工程费用计价程序

根据建设部第 107 号部令《建筑工程施工发包与承包计价管理办法》的规定，发包与承包价的计算方法分为工料单价法和综合单价法，其计价程序如下列。

一、工料单价法计价程序

工料单价法是以分部分项工程量乘以单价后的合计为直接工程费，直接工程费以人工、材料、机械的消耗量及其相应价格确定，而不能简单理解为人工与材料的单价。直接工程费汇总后另加间接费、利润、税金生成工程发承包价费，其计算程序分为三种。

1. 以直接费为计算基础（见表 1-2）。

以直接费为计算基数的工料单价法计价程序 表 1-2

序 号	费用项目	计 算 方 法	备 注
1	直接工程费	按造价表	
2	措施费	按规定方法计取	
3	小计	(1)+(2)	
4	间接费	(3)×相应费率	
5	利润	[(3)+(4)]×相应利润率	
6	合计	(3)+(4)+(5)	
7	含税造价	(6)×(1+相应税率)	

2. 以人工费和机械费为计算基础(见表 1-3)

3. 以人工费为计算基础(见表 1-4)

以人工费和机械费为计算基数的工料单价法计价程序 表 1-3

序 号	费用项目	计 算 方 法	备 注
1	直接工程费	按造价表	
2	其中人工费和机械费	按造价表	
3	措施费	按规定方法计取	
4	其中人工费和机械费	按规定方法计取	
5	小计	(1)+(3)	
6	人工费和机械费小计	(2)+(4)	
7	间接费	(6)×相应费率	
8	利润	(6)×相应利润率	
9	合计	(5)+(7)+(8)	
10	含税造价	(9)×(1+相应税率)	

以人工费为计算基数的工料单价法计价程序 表 1-4

序 号	费用项目	计 算 方 法	备 注
1	直接工程费	按造价表	
2	直接工程费中人工费	按造价表	
3	措施费	按规定方法计取	
4	措施费中人工费	按规定方法计取	
5	小计	(1)+(3)	
6	人工费小计	(2)+(4)	
7	间接费	(6)×相应费率	
8	利润	(6)×相应利润率	
9	合计	(5)+(7)+(8)	
10	含税造价	(9)×(1+相应税率)	

二、综合单价法计价程序

综合单价法是完成一个规定计量单位的分部分项工程费用单价，费用单价经综合计算后生成，其内容包括直接工程费、企业管理费、利润和一定范围内的风险费用(专项技术措施费也可按此方法生成费用价格)。

各分项工程量乘以综合单价的合价汇总后，生成工程发承包价费。

由于各分部分项工程中的人工、材料、机械含量的比例不同，各分项工程可根据其材料费占人工费、材料费、机械费合计的比例(以字母"C"代表该项比值)，在以下三种计算程序中选择一种计算其综合单价。

1. 当 $C > C_0$ (C_0 为本地区原费用定额测算所选典型工程材料费占人工费、材料费和机械费合计的比例)时，可采用以人工费、材料费、机械费合计为基数计算该分项的间接费和利润，见表 1-5。

以直接工程费为计算基数的综合单价法计价程序　　　　　　　　表 1-5

序　号	费 用 项 目	计 算 方 法	备　注
1	分项直接工程费	人工费+材料费+机械费	
2	间接费	(1)×相应费率	
3	利润	[(1)+(2)]×相应利润率	
4	合计	(1)+(2)+(3)	
5	含税造价	(4)×(1+相应税率)	

2. $C < C_0$ 值的下限时，可采用以人工费和机械费合计为基数计算该分项的间接费和利润，见表 1-6。

以人工费和机械费为计算基数的综合单价法计价程序　　　　　表 1-6

序　号	费 用 项 目	计 算 方 法	备　注
1	分项直接工程费	人工费+材料费+机械费	
2	其中人工费和机械费	人工费+机械费	
3	间接费	(2)×相应费率	
4	利润	(2)×相应利润率	
5	合计	(1)+(3)+(4)	
6	含税造价	(5)×(1+相应税率)	

3. 如该分项的直接工程费仅为人工费，无材料费和机械费时，可采用以人工费为基数计算该分项的间接费和利润，见表 1-7。

以人工费为计算基数的综合单价法计价程序　　　　　　　　　表 1-7

序　号	费 用 项 目	计 算 方 法	备　注
1	分项直接工程费	人工费+材料费+机械费	
2	直接工程费中人工费	人工费	

序　号	费用项目	计算方法	备　注
3	间接费	(2)×相应费率	
4	利润	(2)×相应利润率	
5	合计	(1)+(3)+(4)	
6	含税造价	(5)×(1+相应税率)	

第三节　建筑安装工程费用的构成比例

为了解建筑安装工程造价的大致比例权重，需对各单位工程的造价比和直接工程费中的人工、材料和机械费的构成比作一介绍。建筑安装工程中各单位工程造价比见表1-8，建筑安装直接工程费中的人工、材料和机械费的构成比见表1-9。

建筑安装工程中各单位工程造价比　　　　　　　　表1-8

序　号	单 位 工 程	造 价 比	附　注
1	土建结构	21～31	
2	装饰装修	34～45	含消防喷洒
3	给水与排水	7～8	
4	采暖与空调	11～12	
5	强电工程	8～9	
6	弱电工程	4～5	
7	电梯工程	2～3	
	合　计	100	

建筑安装直接工程费中的人工、材料和机械费的构成比　　　　　　　　表1-9

序　号	费用项目	构成比例(%)	备　注
1	人工费	10～15	或称人工费占15%左右，材料机械费占85%左右。
2	材料费	70～80	
3	机械费	5～10	

第四节　建设工程定额

一、建设工程定额的分类

建设工程定额是工程建设中各类定额的总称。为了对建设工程定额有一个比较全面的了解，可以按照不同的原则和方法对其进行分类。

（1）按照反映的生产要素消耗内容，可将建设工程定额分为人工定额（也称劳动定额）、材料消耗定额和机械台班定额。

（2）按照编制程序和用途的不同，可将建设工程定额分为施工定额、预算定额（基础定额）、概算定额、概算指标和投资估算指标。

（3）按照投资的费用性质，可将建设工程定额分为建设工程定额、设备安装工程定额、建筑安装工程费用定额、工器具定额以及工程建设其他费用定额等。

在通用定额中有时把建筑工程定额和建筑安装工程定额合二为一，称为建筑安装工程定额。建筑安装工程定额属于直接工程费定额，仅仅包括施工过程中的人工、材料、机械台班消耗的数量标准。

（4）按照专业性质，可将建设工程定额分为全国通用定额、行业通用定额和专业专用定额。

（5）按照主编单位和管理权限，可将定额分为全国统一定额、行业统一定额、地区统一定额、企业定额和补充定额。

全国统一建筑安装工程定额是由国家建设行政主管部门，综合全国工程建设中技术和施工组织管理的情况进行编制，是在全国范围内执行的定额。

行业统一建筑安装工程定额是由行业建设行政主管部门，考虑到各行业部门专业工程技术特点以及施工生产和管理水平的不同而编制的，一般只是在本行业和相同专业性质的范围内使用。**建筑安装消耗量定额**是由建设行政主管部门根据合理的施工组织设计，按照正常施工条件下，生产一个规定计量单位工程合格产品所需人工、材料、机械台班的社会平均消耗量而制定的。

地区统一建筑安装工程定额是由地区建设行政主管部门，考虑地区性特点和全国统一定额水平所作的适当调整和补充而编制的，仅在本地区范围内使用。

企业建筑安装工程定额是指由施工企业考虑本企业的施工技术和管理水平的具体情况，参照国家、部门或地区消耗量定额以及有关工程造价资料制定，并供本企业内部使用的人工、材料和机械台班消耗量。企业定额水平应高于国家现行定额，才能满足生产技术发展、企业管理和市场竞争能力提高的需要。

补充建筑安装工程定额是指随着设计、施工技术的发展，现行定额不能满足需要的情况下，为了补充缺陷所编制的定额。补充定额只能在指定的范围内使用，可以作为以后修订定额的基础。

二、直接工程费定额

1. 人工定额

人工定额或劳动定额，是在正常的施工技术组织条件下，完成单位合格产品所必需的劳动消耗量标准。它反映了企业对工人在单位时间内完成产品数量、质量的综合要求。

人工定额反映生产工人在正常施工条件下的劳动效率，表明每个工人在单位时间内为生产合格产品所必须消耗的劳动时间，或者在一定的劳动时间中所生产的合格产品数量。

（1）人工定额的编制

人工定额编制主要包括拟订正常的施工条件以及拟订施工作业定额时间两项工作。**拟订正常的施工条件**，就是要规定执行定额时应该具备的条件，正常条件若不能满足，则可能达不到定额中的劳动消耗量标准，因此，正确拟订正常施工的条件有利于定额的实施。

拟订正常施工的条件包括拟订施工作业内容；施工作业的方法；施工作业地点的组

织；施工作业人员的组织等。

拟订施工作业的定额时间，是在拟订基本工作时间、辅助工作时间、准备与结束时间、不可避免的中断时间以及休息时间的基础上进行编制的。

上述各项时间是以时间研究为基础，通过时间测定方法，得出相应的观测数据，经加工整理计算后得到的。计时测定的方法有许多种，如测时法、写实记录法、工作日写实法等。

（2）人工定额的形式

人工定额按表现形式的不同，可分为时间定额和产量定额两种形式。**时间定额**，就是某种专业、某种技术等级工人班组或个人，在合理的劳动组织和合理使用材料的条件下，完成单位合格产品所必须的工作时间，包括准备与结束时间、基本工作时间、辅助工作时间、不可避免的中断时间以及工人必须得到的休息时间。

时间定额以工日为单位，每一工日按 8 小时计算，方法如下：

$$单位产品时间定额（工日）＝1/每工产量 \qquad (1-4-1)$$

$$或单位产品时间定额（工日）＝小组成员工日数总和/机械台班产量 \qquad (1-4-2)$$

产量定额，就是在合理的劳动组织和合理使用材料的条件下，某种专业、某种技术等级的工人班组或个人在单位工日中所应完成的合格产品的数量。产量定额的计量单位有：米（m）、平方米（m²）、立方米（m³）、吨（t）、块、根、件、扇等。其计算方法如下：

$$每日产量＝1/单位产品时间定额（工日） \qquad (1-4-3)$$

时间定额与产量定额互为倒数，即：

$$时间定额×产量定额 ＝1 \qquad (1-4-4)$$

按定额的标定对象不同，人工定额又分单项工序定额和综合定额两种，综合定额表示完成同一产品中的各单项（工序或工种）定额的综合。按工序综合的用"综合"表示，按工种综合的一般用"合计"表示。其计算方法如下：

$$综合时间定额 ＝ \sum 各单项（工序）时间定额 \qquad (1-4-5)$$

$$综合产量定额＝1/综合时间定额（工日） \qquad (1-4-6)$$

时间定额和产量定额都表示同一人工定额项目，它们是同一人工定额项目的两种不同的表现形式。时间定额以工日为单位，综合计算方便，时间概念明确。产量定额则以产品数量为单位表示，具体、形象，一目了然，便于分配任务。人工定额用复式表示，同时列出时间定额和产量定额，以便于各部门、企业根据各自的生产条件和要求选择使用。

复式表示法有如下形式：

$$时间定额/每工产量 \quad 或 \quad 人工时间定额/机械台班产量$$

（3）人工定额的制定方法

人工定额是根据国家的经济政策、劳动制度和有关技术文件及资料制定的。制定人工定额，常用的方法有四种：技术测定法，统计分析法，比较类推法和经验估计法。

2. 材料消耗定额

材料消耗定额是在合理及节约使用材料的条件下，生产单位质量合格产品所必须消耗的一定规格的材料、成品、半成品和水、电等资源的数量标准。

定额材料消耗指标的组成，按其使用性质、用途和用量大小划分为三类，即：

(1) **主要材料**，是指直接构成工程实体的材料；

(2) **辅助材料**，也是直接构成工程实体的材料，但所占比重比较小；

(3) **零星材料**，是指用量小，价值不大，不便计算的次要材料，可用估算的方法计算确定。

材料消耗定额包括直接使用在工程上的材料净用量和在施工现场内运输及操作过程中的不可避免的废料与损耗。

材料净用量的确定，有理论计算法、测定法、图纸计算法和经验法。

理论计算法是根据设计、材料规格和施工要求等，从理论上计算材料的净用量。**测定法**，即根据试验情况和现场测定的资料数据确定材料的净用量。**图纸计算法**，是根据选定的施工图纸，计算各种材料的体积、面积、延长米或重量。**经验法**，是根据历史上同类项目的经验进行类推和估算。

(4) 材料损耗量的确定

材料损耗一般以损耗率表示。材料损耗率可以通过观察法或统计法计算确定。

$$损耗率 = 损耗量/净用量 \times 100\% \qquad (1-4-7)$$

$$总消耗量 = 净用量 + 损耗量 = 净用量 \times (1+损耗率) \qquad (1-4-8)$$

3. 机械台班定额

机械台班定额，是指施工机械在正常施工条件下完成单位合格产品所必须耗用的工作时间，它反映了合理、均衡组织作业和使用机械时，该机械在单位时间内的生产效率。

(1) 机械台班定额的编制

拟定机械工作的正常施工条件，包括工作地点的合理组织；施工机械作业方法的拟定；确定配合机械作业的施工小组的组织以及机械工作班制度等。

机械净工作效率，即确定出机械纯工作一小时的正常生产率。

机械的正常利用系数，是指机械在施工作业班内对作业时间的利用率。

$$机械利用系数 = 工作班净工作时间/机械工作班时间 \qquad (1-4-9)$$

计算施工机械定额台班：

$$施工机械台班产量定额 = 机械生产率 \times 工作班延续时间 \times 机械利用系数$$

$$(1-4-10)$$

$$施工机械时间定额 = 1/施工机械台班产量定额 \qquad (1-4-11)$$

工人小组的定额时间，是指配合施工机械作业的工人小组的工作时间总和。

$$工人小组定额时间 = 施工机械时间定额 \times 工人小组的人数 \qquad (1-4-12)$$

(2) 机械台班定额的形式

按其表现形式不同，机械台班定额可分为时间定额和产量定额。

机械时间定额，是指在合理劳动组织与合理使用机械的条件下，完成单位合格产品所必须的工作时间。包括有效工作时间(正常负荷下的工作时间和降低负荷下的工作时间)、不可避免的中断时间、不可避免的无负荷工作时间。机械时间定额以"台班"表示，即一台机械，一个作业班的工作时间。一个作业班时间规定为 8 小时。

$$单位产品机械时间定额(台班) = 1/台班产量 \qquad (1-4-13)$$

由于机械必须由工人小组配合，所以完成单位合格产品的时间定额，同时列出人工时间定额。即：

$$单位产品人工时间定额(工日)＝小组人员总人数/台班产量 \qquad (1\text{-}4\text{-}14)$$

机械产量定额，是指在合理劳动组织与合理使用机械条件下，机械在每个台班时间内，应完成合格产品的数量。

$$机械台班产量定额＝1/机械时间定额 \qquad (1\text{-}4\text{-}15)$$

4. 装饰装修工程消耗量定额举例

为了了解关于装饰装修工程消耗量定额的内容，特举例如下表所示。

楼地面工程块料面层石材面层

工作内容：清理基层、试排弹线、锯板修边、铺贴饰面、清理净面。　　　　　计量单位：m²

定　额　编　号			1—89	1—90	1—91	1—92	1—93	1—94
项　　目			台　　　阶				弧形台阶	
			大理石		花岗石		大理石	花岗石
			水泥砂浆	粘结剂	水泥砂浆	粘结剂		
名　称		单位	数　　量					
人工	综合工日	工日	0.511	0.475	0.560	0.504	0.715	0.784
材料	大理石板(综合)	m²	1.5690	1.5690	—	—	2.1966	—
	花岗石板(综合)	m²	—	—	1.5690	1.5690	—	2.1966
	石料切割锯片	片	0.0140	0.0140	0.0168	0.0168	0.0196	0.0235
	棉纱头	kg	0.0150	0.0150	0.0150	0.0150	0.0210	0.0210
	锯木屑	m³	0.0090	0.0090	0.0090	0.0090	0.0126	0.0126
材料	水泥砂浆1:3	m³	0.0299	—	0.0299	—	0.0419	0.0419
	素水泥浆	m³	0.0015		0.0015	—	0.0021	0.0021
	大理石胶	kg	—	0.5550	—	0.5550	—	—
	903胶	kg	—	0.5900	—	0.5900	—	—
	白水泥	kg	0.1550	0.1550	0.1550	0.1550	0.2170	0.2170
	水	m³	0.0390	0.0390	0.0390	0.0390	0.0550	0.0550
机械	灰浆搅拌机出料容量200L	台班	0.0052	—	0.0052	—	0.0073	0.0073

第二章 工程量清单规范

工程量清单是表现拟建工程的分部、分项工程项目、措施项目、其他项目名称和相应数量的明细清单。工程量清单由招标人或工程造价咨询人编制,它体现招标人需要投标人完成的工程项目及相应工程数量,是投标人报价的依据,是招标文件不可分割的组成部分,其准确性与完整性,由招标人负责。工程量清单应采用统一格式编制,由封面、总说明、分部分项工程量清单、措施项目清单、其他项目清单、规费项目清单、税金项目清单组成。

(1)分部分项工程量清单的设置原则上是以形成工程的实物量为主体,按照计价规范中统一的项目编码、统一的项目名称、统一的计量单位和统一的工程量计算规则(即四个统一)进行分部分项工程量清单的编制。计价规范中计量单位均为基本计量单位,不得使用扩大单位(如 10m、100kg)。计价规范的计量原则是以工程实体的净尺寸计算。

(2)措施项目清单的编制应考虑多种因素,除工程本身的因素外,还涉及水文、气象、环境、安全等因素和施工企业的实际情况。措施项目清单以"项"为计量单位,相应数量为"1"。

(3)其他项目清单的内容包括暂列金额、暂估价、总承包服务费、计日工项目费等。招标人根据拟建工程实际情况对暂列金额、暂估价、计日工等项目费提出估算或预测数量。

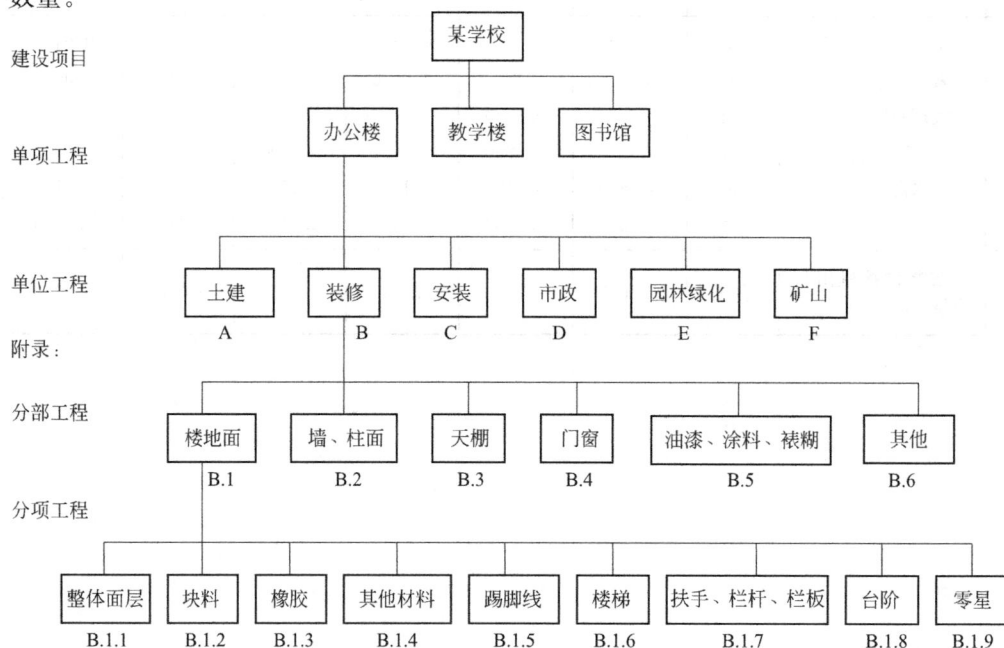

图 2-1 建设项目分解表及编码

工程量清单是确定工程造价的工程量清单计价的基础，应作为编制招标控制价、投标报价、计算工程量变更、支付工程价款、调整合同价款、办理竣工决算以及工程费索赔等的重要依据之一。工程量清单内容包括项目编码、项目名称、项目特征、计量单位、工程量计算规则、工程内容等。工程量清单以单位工程建筑、装饰装修、安装、市政和园林绿化为分类起点，分别以 A、B、C、D、E、F 附录规定。为了深入学习附录的规定，下面以装饰装修附录 B 介绍为重点，与装饰装修有关的其他附录选编附后，以便做工程量清单与报价时查用。

为了全面、明晰了解建设项目的构成、分层和相互之间的关系，以装饰装修附录 B 为重点，介绍建设项目的分解及编码(见图 2-1)。

第一节　工程量清单规范　附录 B

工程量清单附录 B 是装饰装修工程量的清单项目及计算规则，适用于工业与民用建筑物和构筑物的装饰装修工程。附录 B 装饰装修工程工程量清单项目及计算规则如下。

B.1　楼地面工程

B.1.1　整体面层。工程量清单项目设置及工程量计算规则，应按表 B.1.1 的规定执行。

整体面层（编码：020101）　　　　　　　　　　表 B.1.1

项目编码	项目名称	项目特征	计量单位	工程量计算规则	工程内容
020101001	水泥砂浆楼地面	1. 垫层材料种类、厚度 2. 找平层厚度、砂浆配合比 3. 防水层厚度、材料种类 4. 面层厚度、砂浆配合比			1. 基层清理 2. 垫层铺设 3. 抹找平层 4. 防水层铺设 5. 抹面层 6. 材料运输
020101002	现浇水磨石楼地面	1. 垫层材料种类、厚度 2. 找平层厚度、砂浆配合比 3. 防水层厚度、材料种类 4. 面层厚度，水泥石子浆配合比 5. 嵌缝条材料种类、规格 6. 石子种类、规格、颜色 7. 颜料种类、颜色 8. 图案要求 9. 磨光、酸洗、打蜡要求	m²	按设计图示尺寸以面积计算。扣除凸出地面构筑物、设备基础、室内轨道、地沟等所占面积，不扣除内隔墙和 0.3m² 以内的柱、垛、附墙烟囱及孔洞所占面积。门洞、空圈、暖气包槽、壁龛的开口部分不增加面积	1. 基层清理 2. 垫层铺设 3. 抹找平层 4. 防水层铺设 5. 面层铺设 6. 嵌缝条安装 7. 磨光、酸洗、打蜡 8. 材料运输
020101003	细石混凝土楼地面	1. 垫层材料种类、厚度 2. 找平层厚度、砂浆配合比 3. 防水层厚度、材料种类 4. 面层厚度、混凝土强度等级			1. 基层清理 2. 垫层铺设 3. 抹找平层 4. 防水层铺设 5. 面层铺设 6. 材料运输
020101004	菱苦土楼地面	1. 垫层材料种类、厚度 2. 找平层厚度、砂浆配合比 3. 防水层厚度、材料种类 4. 面层厚度 5. 打蜡要求			1. 清理基层 2. 垫层铺设 3. 抹找平层 4. 防水层铺设 5. 面层铺设 6. 打蜡 7. 材料运输

B.1.2 块料面层。工程量清单项目设置及工程量计算规则，应按表 B.1.2 的规定执行。

块 料 面 层（编码：020102）　　　　　　　　　　　　　表 B.1.2

项目编码	项目名称	项目特征	计量单位	工程量计算规则	工程内容
020102001	石材楼地面	1. 垫层材料种类、厚度 2. 找平层厚度、砂浆配合比 3. 防水层、材料种类 4. 填充材料种类、厚度 5. 结合层厚度、砂浆配合比	m²	按设计图示尺寸以面积计算。扣除凸出地面构筑物、设备基础、室内轨道、地沟等所占面积，不扣除内墙和 0.3 m² 以内的柱、垛、附墙烟囱及孔洞所占面积。门洞、空圈、暖气包槽、壁龛的开口部分不增加面积	1. 基层清理、铺设垫层、抹找平层 2. 防水层铺设、填充层铺设 3. 面层铺设 4. 嵌缝 5. 刷防护材料 6. 酸洗、打蜡 7. 材料运输
020102002	块料楼地面	6. 面层材料品种、规格、品牌、颜色 7. 嵌缝材料种类 8. 防护层材料种类 9. 酸洗、打蜡要求			

B.1.3 橡塑面层。工程量清单项目设置及工程量计算规则，应按表 B.1.3 的规定执行。

橡 塑 面 层（编码：020103）　　　　　　　　　　　　　表 B.1.3

项目编码	项目名称	项目特征	计量单位	工程量计算规则	工程内容
020103001	橡胶板楼地面	1. 找平层厚度、砂浆配合比 2. 填充材料种类、厚度 3. 粘结层厚度、材料种类 4. 面层材料品种、规格、品牌、颜色 5. 压线条种类	m²	按设计图示尺寸以面积计算。门洞、空圈、暖气包槽、壁龛的开口部分并入相应的工程量内	1. 基层清理、抹找平层 2. 铺设填充层 3. 面层铺设 4. 压缝条装订 5. 材料运输
020103002	橡胶卷材楼地面				
020103003	塑料板楼地面				
020103004	塑料卷材楼地面				

B.1.4 其他材料面层。工程量清单项目设置及工程量计算规则，应按表 B.1.4 的规定执行。

其 他 材 料 面 层（编码：020104）　　　　　　　　　　　　　表 B.1.4

项目编码	项目名称	项目特征	计量单位	工程量计算规则	工程内容
020104001	楼地面地毯	1. 找平层厚度、砂浆配合比 2. 填充材料种类、厚度 3. 面层材料品种、规格、品牌、颜色 4. 防护材料种类 5. 粘结材料种类 6. 压线条种类	m²	按设计图示尺寸以面积计算。门洞、空圈、暖气包槽、壁龛的开口部分并入相应的工程量内	1. 基层清理、抹找平层 2. 铺设填充层 3. 铺贴面层 4. 刷防护材料 5. 装订压条 6. 材料运输
020104002	竹木地板	1. 找平层厚度、砂浆配合比 2. 填充材料种类、厚度、找平层厚度、砂浆配合比 3. 龙骨材料种类，规格、铺设间距 4. 基层材料种类、规格 5. 面层材料品种、规格、品牌、颜色 6. 粘结材料种类 7. 防护材料种类 8. 油漆品种、涂刷遍数			1. 基层清理、抹找平层 2. 铺设填充层 3. 龙骨铺设 4. 铺设基层 5. 面层铺贴 6. 刷防护材料 7. 材料运输

项目编码	项目名称	项目特征	计量单位	工程量计算规则	工程内容
020104003	防静电活动地板	1. 找平层厚度、砂浆配合比 2. 填充材料种类、厚度，找平层厚度、砂浆配合比 3. 支架高度、材料种类 4. 面层材料品种、规格、品牌、颜色 5. 防护材料种类			1. 清理基层，抹找平层 2. 铺设填充层 3. 固定支架安装 4. 活动面层安装 5. 刷防护材料 6. 材料运输
020104004	金属复合地板	1. 找平层厚度、砂浆配合比 2. 填充材料种类、厚度，找平层厚度、砂浆配合比 3. 龙骨材料种类、规格、铺设间距 4. 基层材料种类、规格 5. 面层材料品种、规格、品牌 6. 防护材料种类			1. 清理基层、抹找平层 2. 铺设填充层 3. 龙骨铺设 4. 基层铺设 5. 面层铺贴 6. 刷防护材料 7. 材料运输

B. 1. 5　踢脚线。工程量清单项目设置及工程量计算规则，应按表 B. 1. 5 的规定执行。

踢 脚 线（编码：020105）　　　　　　　　　　　　　表 B. 1. 5

项目编码	项目名称	项目特征	计量单位	工程量计算规则	工程内容
020105001	水泥砂浆踢脚线	1. 踢脚线高度 2. 底层厚度、砂浆配合比 3. 面层厚度、砂浆配合比	m²	按设计图示长度乘以高度以面积计算	1. 基层清理 2. 底层抹灰 3. 面层铺贴 4. 勾缝 5. 磨光、酸洗、打蜡 6. 刷防护材料 7. 材料运输
020105002	石材踢脚线	1. 踢脚线高度 2. 底层厚度、砂浆配合比 3. 粘贴层厚度、材料种类 4. 面层材料品种、规格、品牌、颜色 5. 勾缝材料种类 6. 防护材料种类			
020105003	块料踢脚线				
020105004	现浇水磨石踢脚线	1. 踢脚线高度 2. 底层厚度、砂浆配合比 3. 面层厚度、水泥石子砂浆配合比 4. 石子种类、规格、颜色 5. 颜料种类、颜色 6. 磨光、酸洗、打蜡要求			
020105005	塑料板踢脚线	1. 踢脚线高度 2. 底层厚度、砂浆配合比 3. 粘结层厚度、材料种类 4. 面层材料种类、规格、品牌、颜色			
020105006	木质踢脚线	1. 踢脚线高度 2. 底层厚度、砂浆配合比 3. 基层材料种类、规格 4. 面层材料品种、规格、品牌、颜色 5. 防护材料种类 6. 油漆品种、涂刷遍数			1. 基层清理 2. 底层抹灰 3. 基层铺贴 4. 面层铺贴 5. 刷防护材料 6. 刷油漆 7. 材料运输
020105007	金属踢脚线				
020105008	防静电踢脚线				

19

B.1.6 楼梯装饰。工程量清单项目设置及工程量计算规则，应按表 B.1.6 的规定执行。

楼 梯 装 饰（编码：020106）   表 B.1.6

项目编码	项目名称	项目特征	计量单位	工程量计算规则	工程内容
020106001	石材楼梯面层	1. 找平层厚度、砂浆配合比 2. 贴结层厚度、材料种类 3. 面层材料品种、规格、品牌、颜色	m²	按设计图示尺寸以楼梯（包括踏步，休息平台及 500mm 以内的楼梯井）水平投影面积计算。楼梯与楼地面相连时，算至梯口梁内侧边沿；无梯口梁者，算至最后一层踏步边沿加 300mm	1. 基层清理 2. 抹找平层 3. 面层铺贴 4. 贴嵌防滑条
020106002	块料楼梯面层	4. 防滑条材料种类、规格 5. 勾缝材料种类 6. 防护层材料种类 7. 酸洗、打蜡要求			5. 勾缝 6. 刷防护材料 7. 酸洗、打蜡 8. 材料运输
020106003	水泥砂浆楼梯面层	1. 找平层厚度、砂浆配合比 2. 面层厚度、砂浆配合比 3. 防滑条材料种类、规格			1. 基层清理 2. 抹找平层 3. 抹面层 4. 抹防滑条 5. 材料运输
020106004	现浇水磨石楼梯面层	1. 找平层厚度、砂浆配合比 2. 面层厚度、水泥石子浆配合比 3. 防滑条材料种类、规格 4. 石子种类、规格、颜色 5. 颜料种类、颜色 6. 磨光、酸洗、打蜡要求			1. 基层清理 2. 抹找平层 3. 抹面层 4. 贴嵌防滑条 5. 磨光、酸洗、打蜡 6. 材料运输
020106005	地毯楼梯面层	1. 基层种类 2. 找平层厚度、砂浆配合比 3. 面层材料品种、规格、品牌、颜色 4. 防护材料种类 5. 粘结材料种类 6. 固定配件材料种类、规格			1. 基层清理 2. 抹找平层 3. 铺贴面层 4. 固定配件安装 5. 刷防护材料 6. 材料运输
020106006	木板楼梯面层	1. 找平层厚度、砂浆配合比 2. 基层材料种类、规格 3. 面层材料品种、规格、品牌、颜色 4. 粘结材料种类 5. 防护材料种类 6. 油漆品种、涂刷遍数			1. 基层清理 2. 抹找平层 3. 基层铺贴 4. 面层铺贴 5. 刷防护材料、油漆 6. 材料运输

B.1.7 扶手、栏杆、栏板装饰。工程量清单项目设置及工程量计算规则，应按表 B.1.7 的规定执行。

扶手、栏杆、栏板装饰(编码：020107)　　　　　　　表 B.1.7

项目编码	项目名称	项目特征	计量单位	工程量计算规则	工程内容
020107001	金属扶手带栏杆、栏板	1. 扶手材料种类、规格、品牌、颜色 2. 栏杆材料种类、规格、品牌、颜色 3. 栏板材料种类、规格、品牌、颜色 4. 固定配件种类 5. 防护材料种类 6. 油漆品种、涂刷遍数	m	按设计图示尺寸以扶手中心线长度(包括弯头长度)计算	1. 制作 2. 运输 3. 安装 4. 刷防护材料 5. 刷油漆
020107002	硬木扶手带栏杆、栏板				
020107003	塑料扶手带栏杆、栏板				
020107004	金属靠墙扶手	1. 扶手材料种类、规格、品牌、颜色 2. 固定配件种类 3. 防护材料种类 4. 油漆品种、涂刷遍数			
020107005	硬木靠墙扶手				
020107006	塑料靠墙扶手				

B.1.8　台阶装饰。工程量清单项目设置及工程量计算规则，应按表 B.1.8 的规定执行

台阶装饰(编码：020108)　　　　　　　表 B.1.8

项目编码	项目名称	项目特征	计量单位	工程量计算规则	工程内容
020108001	石材台阶面层	1. 垫层材料种类、厚度 2. 找平层厚度、砂浆配合比 3. 粘结层材料种类 4. 面层材料品种、规格、品牌、颜色 5. 勾缝材料种类 6. 防滑条材料种类、规格 7. 防护材料种类	m²	按设计图示尺寸以台阶(包括最上层踏步边沿加300mm)水平投影面积计算	1. 基层清理 2. 铺设垫层 3. 抹找平层 4. 面层铺贴 5. 贴嵌防滑条 6. 勾缝 7. 刷防护材料 8. 材料运输
020108002	块料台阶面层				
020108003	水泥砂浆台阶面层	1. 垫层材料种类、厚度 2. 找平层厚度、砂浆配合比 3. 面层厚度、砂浆配合比 4. 防滑条材料种类			1. 清理基层 2. 铺设垫层 3. 抹找平层 4. 抹面层 5. 抹防滑条 6. 材料运输
020108004	现浇水磨石台阶面层	1. 垫层材料种类、厚度 2. 找平层厚度、砂浆配合比 3. 面层厚度、水泥石子浆配合比 4. 防滑条材料种类、规格 5. 石子种类、规格、颜色 6. 颜料种类、颜色 7. 磨光、酸洗、打蜡要求			1. 清理基层 2. 铺设垫层 3. 抹找平层 4. 抹面层 5. 贴嵌防滑条 6. 打磨、酸洗、打蜡 7. 材料运输
020108005	剁假石台阶面层	1. 垫层材料种类、厚度 2. 找平层厚度、砂浆配合比 3. 面层厚度、砂浆配合比 4. 剁假石要求			1. 清理基层 2. 铺设垫层 3. 抹找平层 4. 抹面层 5. 剁假石 6. 材料运输

B.1.9　零星装饰项目。工程量清单项目设置及工程量计算规则，应按表 B.1.9 的规定执行。

零星装饰项目(编码：020109)　　　　　　　　　　　　　　　　表 B.1.9

项目编码	项目名称	项目特征	计量单位	工程量计算规则	工程内容
020109001	石材零星项目	1. 工程部位 2. 找平层厚度、砂浆配合比 3. 贴结合层厚度、材料种类 4. 面层材料品种、规格、品牌、颜色 5. 勾缝材料种类 6. 防护材料种类 7. 酸洗、打蜡要求	m²	按设计图示尺寸以面积计算	1. 清理基层 2. 抹找平层 3. 面层铺贴 4. 勾缝 5. 刷防护材料 6. 酸洗、打蜡 7. 材料运输
020109002	碎拼石材零星项目				
020109003	块料零星项目				
020109004	水泥砂浆零星项目	1. 工程部位 2. 找平层厚度、砂浆配合比 3. 面层厚度、砂浆厚度			1. 清理基层 2. 抹找平层 3. 抹面层 4. 材料运输

B.1.10　其他相关问题应按下列规定处理：

1. 楼梯、阳台、走廊、回廊及其他的装饰性扶手、栏杆、栏板，应按 B.1.7 项目编码列项。

2. 楼梯、台阶侧面装饰，0.5m² 以内少量分散的楼地面装修，应按 B.1.9 中项目编码列项。

B.2　墙、柱面工程

B.2.1　墙面抹灰。工程量清单项目设置及工程量计算规则，应按表 B.2.1 的规定执行。

墙面抹灰(编码：020201)　　　　　　　　　　　　　　　　表 B.2.1

项目编码	项目名称	项目特征	计量单位	工程量计算规则	工程内容
020201001	墙面一般抹灰	1. 墙体类型 2. 底层厚度、砂浆配合比 3. 面层厚度、砂浆配合比 4. 装饰面材料种类 5. 分格缝宽度、材料种类	m²	按设计图示尺寸以面积计算。扣除墙裙、门窗洞口及单个 0.3m² 以外的孔洞面积，不扣除踢脚线、挂镜线和墙与构件交接处的面积，门窗洞口和孔洞的侧壁及顶面不增加面积。附墙柱、梁、垛、烟囱侧壁并入相应的墙面面积内 　1. 外墙抹灰面积按外墙垂直投影面积计算 　2. 外墙裙抹灰面积按其长度乘以高度计算 　3. 内墙抹灰面积按主墙间的净长乘以高度计算 　(1) 无墙裙的，高度按室内楼地面至天棚底面计算 　(2) 有墙裙的，高度按墙裙顶至天棚底面计算 　4. 内墙裙抹灰面积按内墙净长乘以高度计算	1. 基层清理 2. 砂浆制作、运输 3. 底层抹灰 4. 抹面层 5. 抹装饰面 6. 勾分格缝
020201002	墙面装饰抹灰				
020201003	墙面勾缝	1. 墙体类型 2. 勾缝类型 3. 勾缝材料种类			1. 基层清理 2. 砂浆制作、运输 3. 勾缝

B.2.2 柱面抹灰。工程量清单项目设置及工程量计算规则，应按表 B.2.2 的规定执行。

柱 面 抹 灰（编码：020202）　　　　　　　　　　　　　　表 B.2.2

项目编码	项目名称	项目特征	计量单位	工程量计算规则	工程内容
020202001	柱面一般抹灰	1. 柱体类型 2. 底层厚度、砂浆配合比 3. 面层厚度、砂浆配合比 4. 装饰面材料种类 5. 分格缝宽度、材料种类	m²	按设计图示柱断面周长乘以高度，以面积计算	1. 基层清理 2. 砂浆制作、运输 3. 底层抹灰 4. 抹面层 5. 抹装饰面 6. 勾分格缝
020202002	柱面装饰抹灰				
020202003	柱面勾缝	1. 墙体类型 2. 勾缝类型 3. 勾缝材料种类			1. 基层清理 2. 砂浆制作、运输 3. 勾缝

B.2.3 零星抹灰。工程量清单项目设置及工程量计算规则，应按表 B.2.3 的规定执行。

零 星 抹 灰（编码：020203）　　　　　　　　　　　　　　表 B.2.3

项目编码	项目名称	项目特征	计量单位	工程量计算规则	工程内容
020203001	零星项目一般抹灰	1. 墙体类型 2. 底层厚度、砂浆配合比 3. 面层厚度、砂浆配合比 4. 装饰面材料种类 5. 分格缝宽度、材料种类	m²	按设计图示尺寸以面积计算	1. 基层清理 2. 砂浆制作，运输 3. 底层抹灰 4. 抹面层 5. 抹装饰面 6. 勾分格缝
020203002	零星项目装饰抹灰				

B.2.4 墙面镶贴块料。工程量清单项目设置及工程量计算规则，应按表 B.2.4 的规定执行。

墙 面 镶 贴 块 料（编码：020204）　　　　　　　　　　　　表 B.2.4

项目编码	项目名称	项目特征	计量单位	工程量计算规则	工程内容
020204001	石材墙面	1. 墙体类型 2. 底层厚度、砂浆配合比 3. 贴结层厚度、材料种类 4. 挂贴方式 5. 干挂方式（膨胀螺栓，钢龙骨） 6. 面层材料品种、规格、品牌、颜色 7. 缝宽、嵌缝材料种类 8. 防护材料种类 9. 磨光、酸洗、打蜡要求	m²	按设计图示尺寸以镶贴表面积计算	1. 基层清理 2. 砂浆制作、运输 3. 底层抹灰 4. 结合层铺贴 5. 面层铺贴 6. 面层挂贴 7. 面层干挂 8. 嵌缝 9. 刷防护材料 10. 磨光、酸洗、打蜡
020204002	碎拼石材墙面				
020204003	块料墙面				
020204004	干挂石材钢骨架	1. 骨架种类、规格 2. 油漆品种、涂刷遍数	t	按设计图示尺寸以质量计算	1. 骨架制作、运输、安装 2. 骨架油漆

23

B.2.5 柱面镶贴块料。工程量清单项目设置及工程量计算规则,应按表 B.2.5 的规定执行。

柱面镶贴块料(编码:020205) 表 B.2.5

项目编码	项目名称	项目特征	计量单位	工程量计算规则	工程内容
020205001	石材柱面	1. 柱体材料 2. 柱截面类型、尺寸 3. 底层厚度、砂浆配合比 4. 粘结层厚度、材料种类 5. 挂贴方式 6. 干挂方式 7. 面层材料品种、规格、品牌、颜色 8. 缝宽、嵌缝材料种类 9. 防护材料种类 10. 磨光、酸洗、打蜡要求	m²	按设计图示尺寸,以面积计算	1. 基层清理 2. 砂浆制作、运输 3. 底层抹灰 4. 结合层铺贴 5. 面层铺贴 6. 面层挂贴 7. 面层干挂 8. 嵌缝 9. 刷防护材料 10. 磨光、酸洗、打蜡
020205002	拼碎石材柱面				
020205003	块料柱面				
020205004	石材梁面	1. 底层厚度、砂浆配比 2. 粘结层厚度、材料种类 3. 面层材料品种、规格、品牌、颜色 4. 缝宽、嵌缝材料种类 5. 防护材料种类 6. 磨光、酸洗、打蜡要求			1. 基层清理 2. 砂浆制作、运输 3. 底层抹灰 4. 结合层铺贴 5. 面层铺贴 6. 面层挂贴 7. 嵌缝 8. 刷防护材料 9. 磨光、酸洗、打蜡
020205005	块料梁面				

B.2.6 零星镶贴块料。工程量清单项目设置及工程量计算规则,应按表 B.2.6 的规定执行。

零星镶贴块料(编码:020206) 表 B.2.6

项目编码	项目名称	项目特征	计量单位	工程量计算规则	工程内容
020206001	石材零星项目	1. 柱、墙体类型 2. 底层厚度、砂浆配合比 3. 粘结层厚度、材料种类 4. 挂贴方式 5. 干挂方式 6. 面层材料品种、规格、品牌、颜色 7. 缝宽、嵌缝材料种类 8. 防护材料种类 9. 磨光、酸洗、打蜡要求	m²	按设计图示尺寸,以面积计算	1. 基层清理 2. 砂浆制作、运输 3. 底层抹灰 4. 结合层铺贴 5. 面层铺贴 6. 面层挂贴 7. 面层干挂 8. 嵌缝 9. 刷防护材料 10. 磨光、酸洗、打蜡
020206002	拼碎石材零星项目				
020206003	块料零星项目				

B.2.7 墙饰面。工程量清单项目设置及工程量计算规则,应按表 B.2.7 的规定执行。

墙 饰 面(编码：020207)

项目编码	项目名称	项目特征	计量单位	工程量计算规则	工程内容
020207001	装饰板墙面	1. 墙体类型 2. 底层厚度、砂浆配合比 3. 龙骨材料种类、规格、中距 4. 隔离层材料种类、规格 5. 基层材料种类、规格 6. 面层材料品种、规格、品牌、颜色 7. 压条材料种类、规格 8. 防护材料种类 9. 油漆品种、涂刷遍数	m²	按设计图示尺寸，墙净长乘以净高以面积计算。扣除门窗洞口及单个 0.3m² 以上的孔洞所占的面积	1. 基层清理 2. 砂浆制作、运输 3. 底层抹灰 4. 龙骨制作 5. 钉隔离层 6. 基层铺钉 7. 面层铺贴 8. 刷防护材料、油漆

B.2.8 柱(梁)饰面。工程量清单项目设置及工程量计算规则，应按表 B.2.8 的规定执行。

柱(梁)饰面(编码：020208)

项目编码	项目名称	项目特征	计量单位	工程量计算规则	工程内容
020208001	柱(梁)面装饰	1. 柱(梁)体类型 2. 底层厚度、砂浆配合比 3. 龙骨材料种类、规格、中距 4. 隔离层材料种类 5. 基层材料种类、规格 6. 面层材料品种、规格、颜色 7. 压条材料种类、规格 8. 防护材料种类 9. 油漆品种、涂刷遍数	m²	按设计图示饰面外围尺寸，以面积计算。柱帽、柱墩并入相应柱饰面工程量内	1. 清理基层 2. 砂浆制作、运输 3. 底层抹灰 4. 龙骨制作、运输、安装 5. 钉隔离层 6. 基层铺钉 7. 面层铺贴 8. 刷防护材料、油漆

B.2.9 隔断。工程量清单项目设置及工程量计算规则，应按表 B.2.9 的规定执行。

隔 断(编码：020209)

项目编码	项目名称	项目特征	计量单位	工程量计算规则	工程内容
020209001	隔断	1. 骨架、边框材料种类规格 2. 隔板材料品种、规格品牌、颜色 3. 嵌缝、塞口材料品种 4. 压条材料种类 5. 防护材料种类 6. 油漆品种、涂刷遍数	m²	按设计图示隔断边框外围尺寸，以面积计算。扣除单个 0.3 m² 以上的孔洞所占面积；浴厕门的材质与隔断相同时，门的面积并入隔断面积内计算	1. 骨架及边框制作、运输、安装 2. 隔板制作、运输、安装 3. 嵌缝、塞口 4. 装订压条 5. 刷防护材料、油漆

B.2.10 幕墙。工程量清单项目设置及工程量计算规则，应按表 B.2.10 的规定执行。

项目编码	项目名称	项目特征	计量单位	工程量计算规则	工程内容
0202010001	带骨架幕墙	1. 骨架材料种类、规格、中距 2. 面层材料品种、规格、颜色 3. 面层固定方式 4. 嵌缝、塞口材料种类	m²	按设计图示骨架框外围尺寸，以面积计算。与幕墙同种材质的窗所占面积不扣除	1. 骨架制作、运输、安装 2. 面层安装 3. 嵌缝、塞口 4. 清洗
0202010002	全玻幕墙	1. 玻璃品种、规格、品牌、颜色 2. 粘结塞口材料种类 3. 固定方式		按设计图示尺寸，以面积计算。带肋全玻幕墙按展开面积计算	1. 幕墙安装 2. 嵌缝、塞口 3. 清洗

B．2．11　其他相关问题应按下列规定处理：

1. 石灰砂浆、水泥砂浆、水泥混合砂浆、聚合物水泥砂浆、麻刀石灰、纸筋石灰、石膏灰等的抹灰应按 B．2．1 中一般抹灰项目编码列项；水刷石、斩假石（剁斧石、剁假石）、干粘石、假面砖等的抹灰应按 B．2．1 中装饰抹灰项目编码列项。

2. 面积 0.5m² 以内，少量分散的抹灰和镶贴块料面层，应按 B．2．1 和 B．2．6 中相关项目编码列项。

B．3　天棚工程

B．3．1　天棚抹灰。工程量清单项目设置及工程量计算规则，应按表 B．3．1 的规定执行。

天　棚　抹　灰（编码：020301） 表 B．3．1

项目编码	项目名称	项目特征	计量单位	工程量计算规则	工程内容
020301001	天棚抹灰	1. 基层类型 2. 抹灰厚度、材料种类 3. 装饰线条道数 4. 砂浆配合比	m²	按设计图示尺寸，以水平投影面积计算。不扣除内隔墙、垛、柱、附墙烟囱、检查口和管道所占的面积。带梁天棚、梁两侧抹灰面积并入天棚面积内，板式楼梯底面抹灰按斜面积计算，锯齿形楼梯底板抹灰按展开面积计算	1. 基层清理 2. 底层抹灰 3. 抹面层 4. 抹装饰线条

B．3．2　天棚吊顶。工程量清单项目设置及工程量计算规则，应按表 B．3．2 的规定执行。

天 棚 吊 顶(编码：020302)　　　　　　　　　　　　　　　　　　　表 B.3.2

项目编码	项目名称	项目特征	计量单位	工程量计算规则	工程内容
020302001	天棚吊顶	1. 吊顶形式 2. 龙骨类型、材料种类、规格、中距 3. 基层材料种类、规格 4. 面层材料品种、规格、品牌、颜色 5. 压条材料种类、规格 6. 嵌缝材料种类 7. 防护材料种类 8. 油漆品种、涂刷遍数	m²	按设计图示尺寸，以水平投影面积计算。天棚面中的灯槽及跌级、锯齿形、吊挂式、藻井式天棚面积不展开计算。不扣除间壁墙、检查口、附墙烟囱、柱垛和管道所占面积，扣除单个 0.3m² 以上的孔洞、独立柱及与天棚相连的窗帘盒所占的面积	1. 基层清理 2. 龙骨安装 3. 基层板铺贴 4. 面层铺贴 5. 嵌缝 6. 刷防护材料、油漆
020302002	格栅吊顶	1. 龙骨类型、材料种类、规格、中距 2. 基层材料种类、规格 3. 面层材料品种、规格、品牌、颜色 4. 防护材料种类 5. 油漆品种、涂漆遍数		按设计图示尺寸，以水平投影面积计算	1. 基层清理 2. 底层抹灰 3. 安装龙骨 4. 基层板铺贴 5. 面层铺贴 6. 刷防护材料、油漆
020302003	吊筒吊顶	1. 底层厚度、砂浆配合比 2. 吊筒形状、规格、颜色、材料种类 3. 防护材料种类 4. 油漆品种、涂刷遍数			1. 基层清理 2. 底层抹灰 3. 吊筒安装 4. 刷防护材料、油漆
020302004	藤条造型悬挂吊顶	1. 底层厚度、砂浆配合比 2. 骨架材料种类、规格 3. 面层材料品种、规格、颜色 4. 防护层材料种类 5. 油漆品种、涂刷遍数			1. 基层清理 2. 底层抹灰 3. 龙骨安装 4. 铺贴面层 5. 刷防护材料、油漆
020302005	织物软雕吊顶				
020302006	网架(装饰)吊顶	1. 底层厚度、砂浆配合比 2. 面层材料品种、规格、颜色 3. 防护材料品种 4. 油漆品种、涂刷遍数			1. 基层清理 2. 底面抹灰 3. 面层安装 4. 刷防护材料、油漆

B.3.3　天棚其他装饰。工程量清单项目设置及工程量计算规则，应按表 B.3.3 的规定执行。

天 棚 其 他 装 饰(编码：020303)　　　　　　　　　　　　　　表 B.3.3

项目编码	项目名称	项目特征	计量单位	工程量计算规则	工程内容
020303001	灯带	1. 灯带形式、尺寸 2. 格栅片材料品种、规格、品牌、颜色 3. 安装固定方式	m²	按设计图示尺寸，以框外围面积计算	安装、固定
020303002	送风口、回风口	1. 风口材料品种、规格、品牌、颜色 2. 安装固定方式 3. 防护材料种类	个	按设计图示数量计算	1. 安装、固定 2. 刷防护材料

B.3.4 采光天棚和天棚设保温隔热吸声层时，应按 A.8.3(本书 56 页)中相关项目编码列项。

B.4 门窗工程

B.4.1 木门。工程量清单项目设置及工程量计算规则，应按表 B.4.1 的规定执行。

木 门(编码：020401)　　　　　　　表 B.4.1

项目编码	项目名称	项目特征	计量单位	工程量计算规则	工程内容
020401001	镶板木门	1. 门类型 2. 框截面尺寸、单扇面积 3. 骨架材料种类 4. 面层材料品种、规格、品牌、颜色 5. 玻璃品种、厚度、五金材料、品种、规格 6. 防护层材料种类 7. 油漆品种、涂刷遍数			
020401002	企口木板门				
020401003	实木装饰门				
020401004	胶合板门				
020401005	夹板装饰门	1. 门类型 2. 框截面尺寸、单扇面积 3. 骨架材料种类 4. 防火材料种类 5. 门纱材料品种、规格 6. 面层材料品种、规格、品牌、颜色 7. 玻璃品种、厚度、五金材料、品种、规格 8. 防护材料种类 9. 油漆品种、涂刷遍数	樘/m²	按设计图示数量或设计图示洞口尺寸以面积计算	1. 门制作、运输、安装 2. 五金、玻璃安装 3. 刷防护材料，油漆
020401006	木质防火门				
020401007	木纱门				
020401008	连窗门	1. 门窗类型 2. 框截面尺寸、单扇面积 3. 骨架材料种类 4. 面层材料品种、规格、品牌、颜色 5. 玻璃品种、厚度、五金材料、品种、规格 6. 防护材料种类 7. 油漆品种、涂刷遍数			

B.4.2 金属门。工程量清单项目设置及工程量计算规则，应按表 B.4.2 的规定执行。

金 属 门(编码：020402)　　　　　　表 B.4.2

项目编码	项目名称	项目特征	计量单位	工程量计算规则	工程内容
020402001	金属平开门	1. 门类型 2. 框材质、外围尺寸 3. 扇材质、外围尺寸 4. 玻璃品种、厚度、五金材料、品种、规格 5. 防护材料种类 6. 油漆品种、涂刷遍数	樘/m²	按设计图示数量或设计图示洞口尺寸以面积计算	1. 门制作、运输、安装 2. 五金、玻璃安装 3. 刷防护材料、油漆
020402002	金属推拉门				
020402003	金属地弹门				
020402004	彩板门				
020402005	塑钢门				
020402006	防盗门				
020402007	钢质防火门				

B.4.3 金属卷帘门。工程量清单项目设置及工程量计算规则，应按表 B.4.3 的规定执行。

金属卷帘门(编码：020403)　　　　　　　　　　表 B.4.3

项目编码	项目名称	项目特征	计量单位	工程量计算规则	工程内容
020403001	金属卷闸门	1. 门材质、框外围尺寸 2. 启动装置品种、规格、品牌 3. 五金材料、品种、规格 4. 刷防护材料种类 5. 油漆品种、涂刷遍数	樘/m²	按设计图示数量或设计图示洞口尺寸以面积计算	1. 门制作、运输、安装 2. 启动装置、五金安装 3. 刷防护材料、油漆
020403002	金属格栅门				
020403003	防火卷帘门				

B.4.4 其他门。工程量清单项目设置及工程量计算规则，应按表 B.4.4 的规定执行。

其他门(编码：020404)　　　　　　　　　　表 B.4.4

项目编码	项目名称	项目特征	计量单位	工程量计算规则	工程内容
020404001	电子感应门	1. 门材质、品牌、外围尺寸 2. 玻璃品种、厚度、五金材料、品种、规格 3. 电子配件品种、规格、品牌 4. 防护材料种类 5. 油漆品种、涂刷遍数	樘/m²	按设计图示数量或设计图示洞口尺寸以面积计算	1. 门制作、运输、安装 2. 五金、电子配件安装 3. 刷防护材料、油漆
020404002	转门				
020404003	电子对讲门				
020404004	电动伸缩门				
020404005	全玻门（带扇框）	1. 门类型 2. 框材质、外围尺寸 3. 扇材质、外围尺寸 4. 玻璃品种、厚度、五金材料、品种、规格 5. 防护材料种类 6. 油漆品种、涂刷遍数			1. 门制作、运输、安装 2. 五金安装 3. 刷防护材料、油漆
020404006	全玻自由门（无扇框）				
020104007	半玻门（带扇框）				
020404008	镜面不锈钢饰面门				1. 门扇骨架及基层制作、运输、安装 2. 包面层 3. 五金安装 4. 刷防护材料

B.4.5 木窗。工程量清单项目设置及工程量计算规则，应按表 B.4.5 的规定执行。

木 窗(编码：020405) 表 B.4.5

项目编码	项目名称	项目特征	计量单位	工程量计算规则	工程内容
020405001	木质平开窗	1. 窗类型 2. 框材质、外围尺寸 3. 扇材质、外围尺寸 4. 玻璃品种、厚度、五金材料、品种、规格 5. 防护材料种类 6. 油漆品种、涂刷遍数	樘/m²	按设计图示数量或设计图示洞口尺寸以面积计算	1. 窗制作、运输、安装 2. 五金、玻璃安装 3. 刷防护材料、油漆
020405002	木质推拉窗				
020405003	矩形木百叶窗				
020405004	异形木百叶窗				
020405005	木组合窗				
020405006	木天窗				
020405007	矩形木固定窗				
020405008	异形木固定窗				
020405009	装饰空花木窗				

B.4.6 金属窗。工程量清单项目设置及工程量计算规则，应按表 B.4.6 的规定执行。

金 属 窗(编码：020406) 表 B.4.6

项目编码	项目名称	项目特征	计量单位	工程量计算规则	工程内容
020406001	金属推拉窗	1. 窗类型 2. 框材质、外围尺寸 3. 扇材质、外围尺寸 4. 玻璃品种、厚度、五金材料、品种、规格 5. 防护材料种类 6. 油漆品种、涂刷遍数	樘/m²	按设计图示数量或设计图示洞口尺寸以面积计算	1. 窗制作、运输、安装 2. 五金、玻璃安装 3. 刷防护材料、油漆
020406002	金属平开窗				
020406003	金属固定窗				
020406004	金属百叶窗				
020406005	金属组合窗				
020406006	彩板窗				
020406007	塑钢窗				
020406008	金属防盗窗				
020406009	金属格栅窗				
020406010	特殊五金	1. 五金名称、用途 2. 五金材料、品种、规格	个/套	按设计图示数量计算	1. 五金安装 2. 刷防护材料、油漆

B.4.7 门窗套。工程量清单项目设置及工程量计算规则，应按表 B.4.7 的规定执行。

门窗套(编码：020407)　　　　　　　　　　　　表 B.4.7

项目编码	项目名称	项目特征	计量单位	工程量计算规则	工程内容
020407001	木门窗套	1. 底层厚度、砂浆配合比 2. 立筋材料种类、规格 3. 基层材料种类 4. 面层材料品种、规格、品种、品牌、颜色 5. 防护材料种类 6. 油漆品种、涂刷遍数	m²	按设计图示尺寸，以展开面积计算	1. 清理基层 2. 底层抹灰 3. 立筋制作、安装 4. 基层板安装 5. 面层铺贴 6. 刷防护材料、油漆
020407002	金属门窗套				
020407003	石材门窗套				
020407004	门窗木贴脸				
020407005	硬木筒子板				
020407006	饰面夹板筒子板				

B.4.8 窗帘盒、窗帘轨。工程量清单项目设置及工程量计算规则，应按表 B.4.8 的规定执行。

窗帘盒、窗帘轨(编码：020408)　　　　　　　　　表 B.4.8

项目编码	项目名称	项目特征	计量单位	工程量计算规则	工程内容
020408001	木窗帘盒	1. 窗帘盒材质、规格、颜色 2. 窗帘轨材质、规格 3. 防护材料种类 4. 油漆种类、涂刷遍数	m	按设计图示尺寸，以长度计算	1. 制作、运输、安装 2. 刷防护材料，油漆
020408002	饰面夹板、塑料窗帘盒				
020408003	金属窗帘盒				
020408004	窗帘轨				

B.4.9 窗台板。工程量清单项目设置及工程量计算规则，应按表 B.4.9 的规定执行。

窗台板(编码：020409)　　　　　　　　　　　　表 B.4.9

项目编码	项目名称	项目特征	计量单位	工程量计算规则	工程内容
020409001	木窗台板	1. 找平层厚度、砂浆配合比 2. 窗台板材质、规格、颜色 3. 防护材料种类 4. 油漆种类、涂刷遍数	m	按设计图示尺寸，以长度计算	1. 基层清理 2. 抹找平层 3. 窗台板制作、安装 4. 刷防护材料、油漆
020409002	铝塑窗台板				
020409003	石材窗台板				
020409004	金属窗台板				

B.4.10 其他相关问题应按下列规定处理：

1. 玻璃、百叶面积占其门扇面积一半以内者应视为半玻门或半百叶门，超过一半时应视为全玻门或全百叶门。

2. 木门五金应包括：折页、插销、风钩、弓背拉手、搭扣、木螺钉、弹簧折页（自动门）、管子拉手（自由门、地弹门），地弹簧（地弹门）、角铁、门轨头（地弹门、自由门）等。

3. 木窗五金应包括：折页、插销、风钩、木螺钉、滑轮滑轨（推拉窗）等。

4. 铝合金窗五金应包括：卡锁、滑轮、铰拉、执手、拉把、拉手、风撑、角码、牛角制等。

5. 铝合金门五金应包括：地弹簧、门锁、拉手、门插、门铰、螺钉等。

6. 其他门五金应包括 L 型执手插锁（双舌）、球形执手锁（单舌）、门轨头、地锁、防盗门扣、门眼（猫眼）、门碰珠、电子锁（磁卡锁）、闭门器、装饰拉手等。

B.5 油漆、涂料、裱糊工程

B.5.1 门油漆。工程量清单项目设置及工程量计算规则，应按表 B.5.1 的规定执行。

门 油 漆（编码：020501）   表 B.5.1

项目编码	项目名称	项目特征	计量单位	工程量计算规则	工程内容
020501001	门油漆	1. 门类型 2. 腻子种类 3. 刮腻子要求 4. 防护材料种类 5. 油漆品种、涂刷遍数	樘/m²	按设计图示数量或设计图示单面洞口面积计算	1. 基层清理 2. 刮腻子 3. 刷防护材料、油漆

B.5.2 窗油漆。工程量清单项目设置及工程量计算规则，应按表 B.5.2 的规定执行。

窗 油 漆（编码：020502）   表 B.5.2

项目编码	项目名称	项目特征	计量单位	工程量计算规则	工程内容
020502001	窗油漆	1. 窗类型 2. 腻子种类 3. 刮腻子要求 4. 防护材料种类 5. 油漆品种、涂刷遍数	樘/m²	按设计图示数量或设计图示单面洞口面积计算	1. 基层清理 2. 刮腻子 3. 刷防护材料、油漆

B.5.3 木扶手及其他板条、线条油漆。工程量清单项目设置及工程量计算规则，应按表 B.5.3 的规定执行。

木扶手及其他板条、线条油漆(编码：020503)　　　　　　　B.5.3

项目编码	项目名称	项目特征	计量单位	工程量计算规则	工程内容
020503001	木扶手油漆				
020503002	窗帘盒油漆	1. 腻子种类 2. 刮腻子要求 3. 油漆体单位展开面积 4. 油漆体长度 5. 防护材料种类 6. 油漆品种、涂刷遍数	m	按设计图示尺寸，以长度计算	1. 基层清理 2. 刮腻子 3. 刷防护材料、油漆
020503003	封檐板、顺水板油漆				
020503004	挂衣板、黑板框油漆				
020503005	挂镜线、窗帘棍、单独木线油漆				

B.5.4　木材面油漆。工程量清单项目设置及工程量计算规则，应按表 B.5.4 的规定执行。

木 材 面 油 漆(编码：020504)　　　　　　　表 B.5.4

项目编码	项目名称	项目特征	计量单位	工程量计算规则	工程内容
020504001	木板、纤维板、胶合板油漆			按设计图示尺寸，以面积计算	
020504002	木护墙、木墙裙油漆				
020504003	窗台板、筒子板、盖板、门窗套、踢脚线油漆				
020504004	清水板条天棚、檐口油漆				
020504005	木方格吊顶天棚油漆				
020504006	吸音板墙面、天棚面油漆	1. 腻子种类 2. 刮腻子要求 3. 防护材料种类 4. 油漆品种、刷漆遍数	m²		1. 基层清理 2. 刮腻子 3. 刷防护材料、油漆
020504007	暖气罩油漆				
020504008	木间壁、木隔断油漆			按设计图示尺寸，以单面外围面积计算	
020504009	玻璃间壁露明墙筋油漆				
020504010	木栅栏、木栏杆(带扶手)油漆				
020504011	衣柜、壁柜油漆			按设计图示尺寸，以油漆部分展开面积计算	
020504012	梁柱饰面油漆				
020504013	零星木装修油漆				
020504014	木地板油漆			按设计图示尺寸，以面积计算。空洞、空圈、暖气包槽、壁龛的开口部分并入相应的工程量内	
020504015	木地板烫硬蜡面	1. 硬蜡品种 2. 面层处理要求			1. 基层清理 2. 烫蜡

B.5.5 金属面油漆。工程量清单项目设置及工程量计算规则，应按表 B.5.5 的规定执行。

金属面油漆（编码：020505） 表 B.5.5

项目编码	项目名称	项目特征	计量单位	工程量计算规则	工程内容
020505001	金属面油漆	1. 腻子种类 2. 刮腻子要求 3. 防护材料种类 4. 油漆品种、涂刷遍数	t	按设计图示尺寸，以质量计算	1. 基层清理 2. 刮腻子 3. 刷防护材料、油漆

B.5.6 抹灰面油漆。工程量清单项目设置及工程量计算规则，应按表 B.5.6 的规定执行。

抹灰面油漆（编码：020506） 表 B.5.6

项目编码	项目名称	项目特征	计量单位	工程量计算规则	工程内容
020506001	抹灰面油漆	1. 基层类型 2. 线条宽度、道数 3. 腻子种类	m²	按设计图示尺寸，以面积计算	1. 基层清理 2. 刮腻子 3. 刷防护材料、油漆
020506002	抹灰线条油漆	4. 刮腻子要求 5. 防护材料种类 6. 油漆品种、涂刷遍数	m	按设计图示尺寸，以长度计算	

B.5.7 喷刷、涂料。工程量清单项目设置及工程量计算规则，应按表 B.5.7 的规定执行。

喷刷、涂料（编码：020507） 表 B.5.7

项目编码	项目名称	项目特征	计量单位	工程量计算规则	工程内容
020507001	刷喷涂料	1. 基层类型 2. 腻子种类 3. 刮腻子要求 4. 涂料品种、刷喷遍数	m²	按设计图示尺寸，以面积计算	1. 基层清理 2. 刮腻子 3. 刷、喷涂料

B.5.8 花饰、线条刷涂料。工程量清单项目设置及工程量计算规则，应按表 B.5.8 的规定执行。

花饰、线条刷涂料（编码：020508） 表 B.5.8

项目编码	项目名称	项目特征	计量单位	工程量计算规则	工程内容
020508001	空花格、栏杆刷涂料	1. 腻子种类 2. 线条宽度	m²	按设计图示尺寸，以单面外围面积计算	1. 基层清理 2. 刮腻子 3. 刷、喷涂料
020508002	线条刷涂料	3. 刮腻子要求 4. 涂料品种、刷喷遍数	m	按设计图示尺寸，以长度计算	

B.5.9 裱糊。工程量清单项目设置及工程量计算规则，应按表 B.5.9 的规定执行。

裱　糊（编码：020509）　　　　　　　　　　　　　　表 B.5.9

项目编码	项目名称	项目特征	计量单位	工程量计算规则	工程内容
020509001	墙纸裱糊	1. 基层类型 2. 裱糊构件部位 3. 腻子种类 4. 刮腻子要求 5. 粘结材料种类 6. 防护材料种类 7. 面层材料品种、规格、品牌、颜色	m²	按设计图示尺寸，以面积计算	1. 基层清理 2. 刮腻子 3. 面层铺粘 4. 刷防护材料
020509002	织锦缎裱糊				

B.5.10　其他相关问题应按下列规定处理：

1. 门油漆应区分单层木门、双层（一玻一纱）木门、双层（单裁口）木门、全玻自由门、半玻自由门、装饰门及有框门或无框门等，分别编码列项。

2. 窗油漆应区分单层玻璃窗、双层（一玻一纱）木窗、双层框扇（单裁口）木窗、双层框三层（二玻一纱）木窗、单层组合窗、双层组合窗、木百叶窗、木推拉窗等，分别编码列项。

3. 木扶手应区分带托板与不带托板，分别编码列项。

B.6　其他工程

B.6.1　柜类、货架。工程量清单项目设置及工程量计算规则，应按表 B.6.1 的规定执行。

柜类、货架（编码：020601）　　　　　　　　　　　表 B.6.1

项目编码	项目名称	项目特征	计量单位	工程量计算规则	工程内容
020601001	柜台	1. 台柜规格 2. 材料种类、规格 3. 五金种类、规格 4. 防护材料种类 5. 油漆品种、涂刷遍数	个	按设计图示数量计算	1. 台柜制作、运输、安装（安放） 2. 刷防护材料、油漆
020601002	酒柜				
020601003	衣柜				
020601004	存包柜				
020601005	鞋柜				
020601006	书柜				
020601007	厨房壁柜				
020601008	木壁柜				
020601009	厨房低柜				
020601010	厨房吊柜				
020601011	矮柜				
020601012	吧台背柜				
020601013	酒吧吊柜				
020601014	酒吧台				
020601015	展台				
020601016	收银台				
020601017	试衣间				
020601018	货架				
020601019	书架				
020601020	服务台				

B.6.2 暖气罩。工程量清单项目设置及工程量计算规则，应按表 B.6.2 的规定执行。

暖气罩(编码：020602)　　　　　　　　　　　　　　表 B.6.2

项目编码	项目名称	项目特征	计量单位	工程量计算规则	工程内容
020602001	饰面板暖气罩	1. 暖气罩材质 2. 单个罩垂直投影面积 3. 防护材料种类 4. 油漆品种、涂刷遍数	m^2	按设计图示尺寸，以垂直投影面积(不展开)计算	1. 暖气罩制作、运输、安装 2. 刷防护材料、油漆
020602002	塑料板暖气罩				
020602003	金属暖气罩				

B.6.3 浴厕配件。工程量清单项目设置及工程量计算规则，应按表 B.6.3 的规定执行。

浴厕配件(编码：020603)　　　　　　　　　　　　　　表 B.6.3

项目编码	项目名称	项目特征	计量单位	工程量计算规则	工程内容
020603001	洗漱台		m^2	按设计图示尺寸，以台面外接矩形面积计算。不扣除孔洞、挖弯、削角所占面积，挡板、吊沿板面积并入台面面积内	1. 台面及支架制作、运输、安装 2. 杆、环、盒、配件安装 3. 刷油漆
020603002	晒衣架	1. 材料品种、规格、品牌、颜色 2. 支架、配件品种、规格、品牌 3. 油漆品种、涂刷遍数	根(套)	按设计图示数量计算	
020603003	帘子杆				
020603004	浴缸拉手				
020603005	毛巾杆(架)				
020603006	毛巾环		副		
020603007	卫生纸盒		个		
020603008	肥皂盒				
020603009	镜面玻璃	1. 镜面玻璃品种、规格 2. 框材质、断面尺寸 3. 基层材料种类 4. 防护材料种类 5. 油漆品种、涂刷遍数	m^2	按设计图示尺寸，以边框外围面积计算	1. 基层安装 2. 玻璃及框制作、运输、安装 3. 刷防护材料、油漆
020603010	镜箱	1. 箱材质、规格 2. 玻璃品种、规格 3. 基层材料种类 4. 防护材料种类 5. 油漆品种、涂刷遍数	个	按设计图示数量计算	1. 基层安装 2. 箱体制作、运输、安装 3. 玻璃安装 4. 刷防护材料、油漆

36

B.6.4 压条、装饰线。工程量清单项目设置及工程量计算规则，应按表B.6.4的规定执行。

压条、装饰线（编码：020604）   表 B.6.4

项目编码	项目名称	项目特征	计量单位	工程量计算规则	工程内容
020604001	金属装饰线	1. 基层类型 2. 线条材料品种、规格、颜色 3. 防护材料种类 4. 油漆品种、涂刷遍数	m	按设计图示尺寸，以长度计算	1. 线条制作、安装 2. 刷防护材料、油漆
020604002	木质装饰线				
020604003	石材装饰线				
020604004	石膏装饰线				
020604005	镜面玻璃线				
020604006	铝塑装饰线				
020604007	塑料装饰线				

B.6.5 雨篷、旗杆。工程量清单项目设置及工程量计算规则，应按表B.6.5的规定执行。

雨篷、旗杆（编码：020605）   表 B.6.5

项目编码	项目名称	项目特征	计量单位	工程量计算规则	工程内容
020605001	雨篷吊挂饰面	1. 基层类型 2. 龙骨材料种类、规格、中距 3. 面层材料品种、规格、品牌 4. 吊顶（天棚）材料、品种、规格、品牌 5. 嵌缝材料种类 6. 防护材料种类 7. 油漆品种、涂刷遍数	m²	按设计图示尺寸，以水平投影面积计算	1. 底层抹灰 2. 龙骨基层安装 3. 面层安装 4. 刷防护材料、油漆
020605002	金属旗杆	1. 旗杆材料、种类、规格 2. 旗杆高度 3. 基础材料种类 4. 基座材料种类 5. 基座面层材料、种类、规格	根	按设计图示数量计算	1. 土石挖填 2. 基础混凝土浇注 3. 旗杆制作、安装 4. 旗杆台座制作、饰面

B.6.6 招牌、灯箱。工程量清单项目设置及工程量计算规则，应按表B.6.6的规定执行。

招牌、灯箱（编码：020606）   表 B.6.6

项目编码	项目名称	项目特征	计量单位	工程量计算规则	工程内容
020606001	平面、箱式招牌	1. 箱体规格 2. 基层材料种类 3. 面层材料种类 4. 防护材料种类 5. 油漆品种、涂刷遍数	m²	按设计图示尺寸，以正立面边框外围面积计算。复杂形的凸凹造型部分不增加面积	1. 基层安装 2. 箱体及支架制作、运输、安装 3. 面层制作、安装 4. 刷防护材料、油漆
020606002	竖式灯箱		个	按设计图示数量计算	
020606003	灯箱				

B.6.7 美术字。工程量清单项目设置及工程量计算规则，应按表 B.6.7 的规定执行。

美 术 字 (编码：020607)　　　　　　　　　　　　　　　表 B.6.7

项目编码	项目名称	项目特征	计量单位	工程量计算规则	工程内容
020607001	泡沫塑料字	1. 基层类型 2. 镌字材料品种、颜色 3. 字体规格 4. 固定方式 5. 油漆品种、涂刷遍数	个	按设计图示数量计算	1. 字制作、运输、安装 2. 刷油漆
020607002	有机玻璃字				
020607003	木质字				
020607004	金属字				

第二节　装饰装修工程量清单项目及计算规则

一、概述

1983 年以后，业界内正式提出了室内设计的概念问题。随着国民经济的发展，人们生活水平的提高，建筑装饰装修行业也得到了迅猛的发展。材料基地的建立，材料市场的扩张，设计与施工水平的不断提高，与国外的水平差距越来越小。建筑装饰装修的工程造价已接近或超过土建工程造价，由专业的建筑装饰装修企业支撑的装饰装修行业已与土建并驾齐驱，成为建筑安装的支柱产业。鉴于上述情况，国家将"装饰装修工程实物量清单项目及计算规则"单独列为附录 B(以下简称附录 B)，而不是附属于土建的某一部分。

（一）附录 B 的内容及适用范围

1. 包括内容：附录 B 清单项目包括楼地面工程、墙柱面工程、天棚工程、门窗工程、油漆涂料裱糊工程、其他工程，共 6 章、47 节、214 个项目。

2. 适用范围：附录 B 清单项目适用于采用工程量清单计价的建筑装饰装修工程。这些建筑包括工业与民用建筑及其构筑物。

（二）附录 B 的章、节、项目的设置

1. 附录 B 清单项目与《全国统一建筑装饰装修工程消耗量定额》（以下简称《消耗量定额》）章、节、项目设置进行适当对应衔接。

2. 应注意的是，《消耗量定额》中的装饰装修、脚手架、项目成品保护费、垂直运输费在《建设工程工程量清单计价规范》GB 50500—2008 中已列入工程清单措施项目费，因而附录 B 减至为 6 章。

3. 附录 B 清单项目中"节"的设置，基本保持了《消耗量定额》的顺序。但是，由于清单项目不是定额，所以不可能将同类工程一一列出，例如：《消耗量定额》将楼地面工程的块料面层分为天然石材、人造大理石板、水磨石、陶瓷地砖、玻璃地砖……，而在清单项目中只列为一项，称为"块料面层"。还有的一些项目在《消耗量定额》中列为一节，如"分隔嵌条、防滑条"，而在附录 B 清单中，嵌条、防滑条仅作为项目的一条特征存在。由此，这些清单项目就仅设有 47 节。

4. 附录 B 清单项目"子目"的设置，在《消耗量定额》基础上增加：楼地面水泥砂浆、菱苦土整体面层、墙柱面一般抹灰项目、特殊五金安装、存包柜、鞋柜、镜箱等项目。在选择使用时这些都是需要加以注意的。

（三）附录 B 有关问题的说明

1. 标准中有关附录之间的衔接。

（1）附录 B 的清单项目同时也适用于园林绿化工程工程量清单项目及计算规则附录 E 中未列项的清单项目。

（2）建筑工程工程量清单项目及计算规则附录 A 的垫层只适用于基础垫层，附录 B 中楼地面垫层包含在相关的楼地面、台阶项目里。

2. 标准中有关附录共性问题的说明。

（1）附录 B 清单项目中的材料、成品、半成品的各种制作、运输、安装等的一切损耗，应包含在清单报价内。

（2）设计规定或施工组织设计规定的已完成品保护所需要支出的费用，应注意列入措施工程量清单项目的费用中。

（3）涉及高层建筑物所发生的人工降效、机械降效、施工用水加压等内容应包括在各分项清单内。

二、附录 B.1 楼地面工程

（一）概况

本章共 9 节 43 个项目。包括整体面层、块料面层、橡塑面层、其他材料面层、踢脚线、楼梯装饰、扶手、栏杆、栏板装饰、台阶装饰和零星装饰项目。适用于楼地面、楼梯、台阶等装饰装修工程。

（二）有关项目的说明

1. 零星装饰项目适用于 $0.5m^2$ 以内的小面积少量分散的楼地面装饰，其工程部位或名称在列项时应在清单项目中进行必要的描述。

2. 楼梯、台阶的侧墙面踢脚装饰，可列为零星装饰，并应在项目编码的清单项目中进行描述。

3. 扶手、栏杆、栏板适用于楼梯、阳台、走廊、回廊及其他的装饰性扶手、栏杆和栏板工程。

（三）有关项目特征说明

1. 楼地面是指构成的基层、垫层、填充层、隔离层、找平层、结合层和面层。基层指的是楼板与夯实土基；垫层指的是承受地面荷载并均匀传递给基层的构造层；填充层指的是在建筑楼地面上起隔音、保温、找坡或敷设暗管、暗线等作用的构造层；隔离层指的是起防水、防潮作用的构造层；找平层指的是在垫层、楼板上或填充层上起找平、找坡或加强作用的构造层；结合层指的是面层与下层相结合的中间层。面层指的是直接承受各种荷载作用、防护作用和装饰作用的表面层。

2. 垫层的构造方式有混凝土垫层、砂石人工级配垫层、天然级配砂石垫层、灰土垫层、碎石碎砖垫层、三合土垫层、炉渣垫层等不同材料垫层。

3. 找平层的构造方式有水泥砂浆找平层。有特殊要求的找平层可采用细石混凝土、沥青砂浆、沥青混凝土等材料铺设。

4. 隔离层的构造方式有卷材、防水砂浆、沥青砂浆或防水涂料等。

5. 填充层的构造方式有轻质松散的炉渣、膨胀蛭石、膨胀珍珠岩等，也有加气混凝土、泡沫混凝土、泡沫塑料、矿棉、膨胀珍珠岩、膨胀蛭石块和板材等块体材料，还有以沥青膨胀珍珠岩、沥青膨胀蛭石、水泥膨胀珍珠岩、膨胀蛭石等整体材料方式铺设的填充层。

6. 面层的构造方式有水泥砂浆、现浇水磨石、细石混凝土、菱苦土等整体面层，石材、陶瓷地砖、橡胶、塑料、竹、木地板的块料面层等。

7. 面层的构造中采用的其他材料：

(1) 防护材料采用耐酸、耐碱、耐臭氧、耐老化、防火、防油渗等功能的材料。

(2) 嵌条材料采用玻璃嵌条、铜嵌条、铝合金嵌条、不锈钢嵌条等为水磨石的分格所作的图案等嵌条。

(3) 压线条采用铝合金、不锈钢、铜等材质为铺设地毯、橡胶板、橡胶卷材等地面装修用。

(4) 颜料采用耐碱的矿物颜料，用于水磨石地面、踢脚线、楼梯、台阶和块料面层勾缝等所需配制石子浆或砂浆的添加，以达到设计的装饰效果。

(5) 防滑条采用水泥玻璃屑、水泥钢屑、铜、铁等，用于楼梯、台阶踏步的防滑设置。

(6) 压棍脚和压棍是地毯的固定配件。

(7) 扶手的固定配件一般用于楼梯、台阶的栏杆柱、栏杆、栏板与扶手连接、靠墙扶手与墙连接固定等。

(8) 酸洗、打蜡抛光，可采用酸洗(草酸)清洗油渍、污渍，然后打蜡(蜡脂、松香水、鱼油或煤油等按设计要求配合)和磨光，为石材、水磨石材、菱苦土和陶瓷材料等表面处理用。

(四) 工程量计算规则的说明

1. "不扣除内隔墙和面积在 0.3m² 以内的柱、垛、附墙烟囱及孔洞所占面积"的规定与以往的规定不同。

2. 单跑楼梯不论其中间是否有休息平台，其工程量计算与双跑楼梯相同。

3. 台阶面层与平台面层材料相同，平台面层计算后，台阶不再计算最上一层踏步面积；反之，如果台阶已计算最上一层踏步(加 300mm 宽)面积，平台面层中就不再重复计算。

4. 包括垫层的地面和不包括垫层的楼面应分别编码列项计算工程量。

(五) 有关工程内容说明

1. 有填充层和隔离层的楼地面往往有二层找平层，在清单报价时应加以注意。

2．当台阶面层与平台面层材料相同而不计算最后一步台阶宽的面积时，应将最后一步台阶的踢脚板面层考虑在清单报价内。

（六）举例

1．根据装修施工图计算：

一台阶水平投影面积（不包括最后一步踏步 300mm）为 29.34m²，台阶长度为 32.6m、宽度为 300mm、高度为 150mm、80mm 厚混凝土 C10 基层、体积 6.06m³，100mm 厚灰土垫层、体积 3.59m³，面层为芝麻白花岗石、板厚 25mm。

2．投标人报价计算：

（1）花岗石面层（25mm 厚）

1）人工费：25 元/工日×0.56 工日/m²×29.34 m²＝410.76 元

2）材料费：白水泥：0.55 元/kg×0.155 kg/m²×29.34 m²＝2.50 元

花岗石：123.92 元/m²×1.57 m²/m²×29.34 m²＝5708.23 元

水泥砂浆 1∶3：125 元/m³×0.0299 m³/m²×29.34 m²＝109.66 元

其他材料费：2.4 元/m²×29.34 m²＝70.42 元

小计：5890.81 元

3）机械费：灰浆搅拌机 200L：49.18 元/台班×0.0052 台班/m²×29.34m²＝7.5 元

切割机：52.0 元/台班×0.0969 台班/m²×29.34 m²＝147.84 元

小计：155.34 元

4）合计：6456.95 元

（2）基层（80mm 厚混凝土 C10）：

1）人工费：32.27 元/m³×6.06m³＝195.56 元

2）材料费：151.30 元/m³×6.06 m³＝916.88 元

3）机械费：15.61 元/m³×6.06 m³＝94.60 元

4）合计：1207.04 元

（3）垫层（100mm 厚灰土 3∶7）：

1）人工费：22.73 元/m³×3.59 m³＝81.60 元

2）材料费：22.37 元/m³×3.59 m³＝80.31 元

3）机械费：1.78 元/m³×3.59m³＝6.39 元

4）合计：168.30 元

（4）综合：

1）直接费合计：7832.25

2）管理费：直接费×34％＝2662.97 元

3）利润：直接费×8％＝626.58 元

4）总计：11121.80 元

5）综合单价：11121.80 元÷29.34m²＝379.07 元/m²

分部分项工程量清单计价表

工程名称：某工程

序号	项目编码	项目名称	计量单位	工程数量	金　额(元)	
					综合单价	合　价
	020108001001	石材台阶面 芝麻白花岗石25mm厚 粘结层1：3水泥砂浆 基层80mm厚混凝土C10 垫层100mm厚灰土3：7	m²	29.34	379.07	11121.80
		本页小计				
		合　计				

分部分项工程量清单综合单价计算表

工程名称：某工程　　　　　　　　　　　　　　　　　计量单位：m²
项目编码：020108001001　　　　　　　　　　　　　工程数量：29.34
项目名称：花岗石台阶　　　　　　　　　　　　　　　综合单价：379.07元

序号	定额编号	工程内容	单位	数量	其中：　　(元)					
					人工费	材料费	机械费	管理费	利润	小计
	1—034 1—7 1—1	花岗石台阶 面层芝麻白花岗石25mm厚 80mm厚混凝土C10基层 100mm厚灰土3：7垫层	m² m³ m³	1.000 0.207 0.122	14.00 6.67 2.78	200.78 31.25 2.74	5.29 3.22 0.22	74.82 13.99 1.95	17.61 3.29 0.46	312.5 58.42 8.15
		合　计			23.45	234.77	8.73	90.76	21.36	379.07

三、附录 B.2　墙、柱面工程

（一）概况

本章共10节25个项目。包括墙面抹灰、柱面抹灰、零星抹灰、墙面镶贴块料、柱面镶贴块料、零星镶贴块料、墙饰面、柱(梁)饰面、隔断、幕墙工程等。适用于一般抹灰与装饰抹灰工程。

（二）有关项目说明

1. 一般抹灰项目包括：石灰砂浆、水泥混合砂浆、水泥砂浆、聚合物水泥砂浆、膨胀珍珠岩水泥砂浆和麻刀灰、纸筋石灰、石膏灰等。

2. 装饰抹灰项目包括：水刷石、水磨石、斩假石(剁斧石)、干粘石、假面砖、拉条灰、拉毛灰、甩毛灰、扒拉石、喷毛灰、喷涂、喷砂、滚涂、弹涂等。

3. 柱面抹灰项目、石材柱面项目、块料柱面项目适用于矩形柱与异形柱，异形柱其中包括圆形与半圆形等。

4. 零星抹灰和零星镶贴块料面层适用于小面积(0.5m²以内)少量分散的抹灰和块料面层项目。

5. 设置在隔断、幕墙上的门窗，既可以包括在隔墙、幕墙项目报价内，也可以单独编码列项，并在相应清单项目中进行描述。

6. 主墙的界定以附录 A "建筑工程工程量清单项目及计算规则"解释为准。

（三）有关项目特征说明

1. 建筑墙体类型按材料分为砖墙、石墙、混凝土墙、砌块墙，按位置有内墙和外墙等。

2. 底层、面层的厚度应根据设计施工图确定。一般采用标准设计构造图处理。

3. 勾缝类型是指清水砖墙、砖柱的加浆勾缝，如平缝或凹缝；石墙、石柱的砂浆勾缝，如平缝、平凹缝、平凸缝、半圆凹缝、半圆凸缝和三角凸缝等。

4. 块料饰面板是指石材饰面板，如天然花岗石、天然大理石、人造花岗石、人造大理石、预制水磨石饰面板等；陶瓷面砖有内墙彩釉面瓷砖、外墙面砖、陶瓷马赛克、大型陶瓷锦面板等；玻璃面砖有玻璃马赛克、玻璃面砖等；金属饰面板有彩色涂色钢板、彩色不锈钢板、镜面不锈钢饰面板、铝合金板、复合铝板、铝塑板等；塑料饰面板有聚氯乙烯塑料饰面板、塑料贴面饰面板、聚酯装饰板、复塑人造板等，木质饰面板是指人造板如胶合板、硬质纤维板、细木工板、刨花板、建筑纸面草板、水泥木屑板、灰板条等为基板的饰面板。

5. 挂贴方式是指对于大规格的石材，如大理石、花岗石、青石、微晶石等使用先挂后灌浆的方式固定于墙、柱面的一种施工工艺。

6. 干挂方式指的是石材直接干挂法与间接干挂法，直接干挂是通过不锈钢膨胀螺栓、不锈钢挂件、不锈钢连接件、不锈钢钢针等，直接将外墙饰面板连接在外墙墙面上；间接干挂是首先将金属龙骨固定于墙、柱、梁上，然后再通过各种挂件将饰面板固定在外墙金属龙骨上。

7. 嵌缝材料是指嵌缝砂浆、嵌缝油膏和密封胶材料等。

8. 防护材料是指石材等防碱背涂处理剂和面层的防酸涂剂材料等。

9. 基层材料是指面层后的基底材料，如：木墙裙、木护墙、木板隔墙等，在龙骨上，铺钉的一层为加强和承托面层的底衬板，一般采用人造板等材料。

（四）有关工程量计算说明

1. 墙面抹灰不扣除与构件交接处的面积，是指墙与梁的交接处所占面积，不包括墙与楼板的交接。

2. 柱的一般抹灰和装饰抹灰及勾缝，以柱断面周长乘以高度计算，柱断面周长是指结构断面周长。

3. 装饰板柱(梁)面按设计图示外围饰面尺寸乘以高度(长度)，按面积计算。外围饰面尺寸是饰面的表面尺寸。

4. 带肋全玻璃幕墙是指玻璃幕墙带玻璃肋，玻璃肋的工程量应合并在玻璃幕墙工程量内计算。

（五）有关工程内容说明

1. "抹面层"是指普通抹灰(底层和面层各一层或不分层一遍成活)、高级抹灰(一层底层、数层中层和一层面层)的面层。

2. "抹装饰面"是指装饰抹灰，如抹底灰、涂刷胶溶液、刮或刷水泥浆液、抹中层、抹装饰面层等的工艺。

（六）举例：某宾馆玻璃隔断并带电子感应自动门

1. 根据施工图计算：

（1）12mm 厚钢化玻璃隔断 10.8 m²。

（2）单独不锈钢板边框 1.26 m²。

（3）12mm 厚钢化玻璃门 9.6 m²。

（4）电磁感应装置一套（日本 ABA）。

2. 投标人投标报价计算：

（1）12mm 厚钢化玻璃隔断：

1）人工费：45 元/工日×0.3186 工日/m²×10.8 m²＝154.84 元

2）材料费：钢化玻璃：124 元/m²×1.0604 m²/m²×10.8 m²＝1420.09 元

膨胀螺栓：1.05 元/套×3.5408 套/m²×10.8 m²＝40.30 元

橡胶条：1.2 元/m×1.5789m/m²×10.8 m²＝20.46 元

角钢：2.6 元/kg×4.3622kg/m²×10.8 m²＝122.49 元

玻璃胶：18 元/支×0.2573 支/m²×10.8 m²＝50.02 元

小计：1653.36 元

3）机械费：交流电焊机：54 元/台班×0.0022 台班/m²×10.8 m²＝1.28 元

电动切割机：52 元/台班×0.0438 台班/m²×10.8 m²＝24.6 元

小计：25.88 元

4）合计：1834.08 元

（2）不锈钢边框：

1）人工费：45 元/工日×0.3887 工日/m²×1.26 m²＝22.04 元

2）材料费：锯材：1200 元/m³×0.017m³/m²×1.26 m²＝25.70 元

0.8mm 厚不锈钢板：300 元/m²×1.26 m²＝378.00 元

小计：403.70 元

3）机械费：人工圆锯机 φ500mm：15 元/台班×0.0017 台班/m²×1.26 m²＝0.03 元

杠压刨床：9 元/台班×0.0136 台班/m²×1.26 m²＝0.15 元

小计：0.18 元

4）合计：425.92 元

（3）隔断综合：

1）直接费合计：2260.00 元

2）管理费：直接费×17%＝384.20 元

3）利润：直接费×8%＝180.80 元

4）总计：2825.00 元

5）综合单价：261.57 元

（4）电子感应玻璃门电磁感应器：

1）人工费：65 元/工日×1 工日/樘＝65 元/樘

2）材料费：12000 元/套＋12000 元×0.1％＝12012 元/樘

3）合计：12077 元

（5）12mm 厚钢化玻璃门：

1）人工费：45 元/工日×12.2 工日/樘＝549 元/樘

2）材料费：钢化玻璃：124 元/m²×9.6 m²/樘＝1190.4 元/樘

玻璃胶：18 元/支×7 支/樘＝126.00 元/樘

其他材料费：1.32 元/樘

小计：1317.72 元

3）合计：1866.72 元

（6）门综合：

1）直接费合计：13943.72 元

2）管理费：直接费×10％＝1394.37 元

3）利润费：直接费×5％＝697.19 元

4）总计：16035.27 元

5）综合单价：16035.27 元

分部分项工程量清单计价表

工程名称：某工程　　　　　　　　　　　　　　　　　　　　　第1页　共1页

序号	项目编码	项目名称	计量单位	工程数量	金　额（元）	
					综合单价	合　价
	020209001001	玻璃隔断 12mm 厚钢化玻璃隔断 0.8mm 厚镜面不锈钢边框玻璃胶嵌缝	m²	10.8	261.57	2825.00
	020404001001	电子感应门 12mm 厚钢化玻璃门 电磁感应器（日本 ABA）	樘	1	16035.27	16035.27
		本页小计				
		合　计				

分部分项工程量清单综合单价计算表

工程名称：某工程　　　　　　　　　　　　　　　　　　　计量单位：樘
项目编码：020404001001　　　　　　　　　　　　　　　工程数量：1
项目名称：电子感应玻璃门　　　　　　　　　　　　　　　综合单价：16035.28 元

序号	定额编号	工程内容	单位	数量	其中：（元）					
					人工费	材料费	机械费	管理费	利润	小计
	4－066（装）	电磁感应器安装	套	1	65.00	12012.00		1207.70	603.85	13888.55
	4－065（装）	12mm 厚钢化玻璃门	樘	1	549	1317.72		186.67	93.34	2146.73
		合　计			614.00	13329.72		1394.37	697.19	16035.27

分部分项工程量清单综合单价计算表

工程名称：某工程　　　　　　　　　　　　　　　　　　　　　计量单位：m²

项目编码：020209001001　　　　　　　　　　　　　　　　　　工程数量：10.8

项目名称：玻璃隔断　　　　　　　　　　　　　　　　　　　　　综合单价：261.59 元

序号	定额编号	工程内容	单位	数量	其中：　　　　（元）					
					人工费	材料费	机械费	管理费	利润	小计
	2—235（装）	12mm 厚钢化玻璃隔断	m²	1.00	14.34	153.09	2.40	28.87	13.59	212.29
	2—233（装）	8mm 厚镜面不锈钢边框	m²	0.12	2.04	37.38	0.02	6.70	3.16	49.30
		合　　计			16.38	192.51	2.51	35.92	16.91	261.59

四、附录 B.3　天棚工程

（一）概况

本章共 3 节 9 个项目。包括天棚抹灰、天棚吊顶、天棚其他装饰。适用于天棚装饰工程。

（二）有关项目的说明

1. 天棚的检查孔、天棚内的检修走道、灯槽等应包括在报价内。

2. 天棚吊顶的平面、叠级、锯齿形、阶梯形、吊挂式、藻井式以及矩形、弧形、拱形等应在清单项目中进行描述。

3. 采光天棚和天棚设置保温、隔热、吸声层时，按附录 A（本书 56 页）相关项目编码列项。

（三）有关项目特征的说明

1. "天棚抹灰"项目基层类型是指现浇混凝土板、预制混凝土板、木板条等。

2. 吊顶龙骨类型按承重区分为上人或不上人两种，按形式分为平面、叠级、锯齿形、阶梯形、吊挂式、藻井式及矩形、圆弧形、拱形等类型。

3. 基层材料，指面层背后或底板材料。

4. 龙骨中距，是指相邻吊顶龙骨中线之间的距离。

5. 天棚面层适用的材料有装饰石膏板、纸面石膏板、吸声穿孔石膏板、嵌装式装饰石膏板、埃特板、矿棉装饰吸声板、贴塑矿（岩）棉吸声板、膨胀珍珠岩装饰吸声板或制品、玻璃棉装饰吸声板、钙塑泡沫装饰吸声板、聚苯乙烯泡沫塑料装饰吸声板、聚氯乙烯塑料顶棚、穿孔吸声石棉水泥板、轻质硅酸钙吊顶板、铝合金罩面板、金属微孔吸声板、铝合金单体构件、胶合板、木薄板、木板条、水泥木丝板、刨花板、镜面玻璃、激光玻璃等。

6. 格栅吊顶构造有木格栅、金属格栅、塑料格栅等。

7. 吊筒吊顶构造有竹木吊筒、金属吊筒、塑料吊筒材料，形式多有圆形、矩形、扁钟形吊筒等。

8. 灯带格栅构造有不锈钢、铝合金、玻璃类材料格栅等。

9. 送风口、回风口的构造一般采用金属、塑料和木质材料制成。

（四）有关工程量计算的说明

1. 天棚抹灰与吊顶的工程量计算规则有所不同，天棚抹灰不扣除柱垛所占面积，而天棚吊顶虽不扣除柱垛所占面积，但应扣除独立柱所占面积。柱垛是指与墙体相连的柱而突出墙体的部分，或称之为倚柱。

2. 天棚吊顶项目应注意扣除与天棚吊顶相连的窗帘盒所占的面积。

3. 格栅吊顶、吊筒吊顶、藤条造型悬挂吊顶、织物软吊顶、网架（装饰）吊顶的面积计算，应按设计施工图表示的吊顶尺寸水平投影面积来计算。

（五）有关工程内容的说明

"抹装饰线条"线角的道数是以单一突出的一个棱角为一道线，在报价时应加以注意。

五、附录 B.4 门窗工程

（一）概况

本章共 9 节 57 个项目。包括木门、金属门、金属卷帘门、其他门，木窗、金属窗、门窗套、窗帘盒、窗帘轨、窗台板。适用于门工程与窗工程。

（二）有关项目的说明

1. 木门窗五金包括铰链折页、弹簧折页、插锁、弓背拉手、搭扣、风钩、管子拉手、地弹簧、滑轮、滑轨、门轧头、铁角和木螺丝等。

2. 铝合金门窗五金包括滑轮、铰拉、执手、卡销、拉把、拉手、风撑、角码、牛角制、地弹簧、门销、门插和门铰等。

3. 其他五金包括球形执手锁、电子锁（磁卡锁）、地锁、L 型执手锁、防盗门扣、门眼、门碰珠、装饰拉手和闭门器装置等。

4. 门窗框与洞口之间的缝隙的绝热材料填塞，应包括在清单报价内。

5. 实木装饰门项目同时也适用于竹压板装饰门。

6. 转门项目也适用于电子感应门和人力推动的转门。

7. "特殊五金"项目指的是贵重五金配件及业主认为应单独列置的五金配件项目。

（三）有关项目特征的说明

1. 门窗类型是指带亮子或不带亮子、带纱窗或不带纱窗、单扇、双扇或三扇、半百叶或全百叶、半玻或全玻、全玻自由门或半玻自由门、带门框或不带门框、单独门框，以及平开、推拉、折叠的各种开启方式等。

2. 框截面尺寸或面积指的是门窗边立梃截面尺寸或面积。

3. 凡面层材料有品种、规格、品牌、颜色要求的，应在工程量清单中进行描述。

4. 特殊五金名称是指拉手、门锁、窗锁等，用途是指具体使用的门或窗，应在工程量清单中进行描述。

5. 门窗套、贴脸板、筒子板和窗台板项目包括底层抹灰，如底层抹灰已包括在墙、柱面底层内，应在工程量清单中进行描述。

（四）有关工程量计算说明

1. 门窗工程量均以"樘"或 m² 来计，如遇框架结构的连续长窗在以"樘"计算时，应注意对窗的扇数和洞口尺寸在工程量清单中进行必要的描述，以示区别。

2. 门窗套、门窗贴脸、筒子板"以展开面积计算"，即指按实际的铺钉面积计算。

3. 窗帘盒、窗台板，如为弧形时，其长度以中心线计算，而不是以面积计算。

（五）有关工程内容的说明

1. 木门窗的制作应考虑木材的干燥损耗、刨光损耗、下料的后备长度、门窗走头增加的体积等因素。

2. 防护材料分防火、防腐、防虫、防潮、耐磨、耐老化等材料，应根据设计和清单项目要求来报价。

六、附录 B.5　油漆、涂料、裱糊工程

（一）概况

本章共 9 节 29 个项目。包括门油漆、窗油漆、扶手、板条面、线条面、木材面油漆、金属面油漆、抹灰面油漆、喷刷涂料、裱糊等。适用于门窗油漆、金属、抹灰面油漆工程。

（二）有关项目的说明

1. 有关项目中已包括油漆、涂料的，不要再单独按本章列项。

2. 连窗门可按门油漆项目编码单独列项。

3. 木扶手有带托板与不带托板的区别，应分别编码列项。

（三）有关工程特征的说明

1. 门类型分镶板门、木板门、胶合板门、装饰实木门、木纱门、木质防火门、连窗门、平开门、推拉门、单扇门、双扇门、带纱门、全玻门（带木扇框）、半玻门、半百叶门、全百叶门带亮子、全百叶门不带亮子，此外还有设门框门、不设门框门和无门的单独门框等。

2. 窗类型分平开窗、推拉窗、提拉窗、固定窗、空花窗、百叶窗以及单扇窗、双扇窗、多扇窗、单层窗、双层窗、带亮子窗与不带亮子的窗等。

3. 腻子种类分由熟桐油、石膏粉加适量水制作的石膏油腻子，由大白、色粉加羧甲基纤维素制成的胶腻子，漆片、酒精、石膏粉加适量色粉制作的漆片腻子，还有矾石粉、桐油、脂肪酸、松香制作的油腻子等。

4. 刮腻子要求，分刮腻子遍数或道数，满刮腻子或找补腻子等不同的施工要求。

（四）有关工程量计算的说明

1. 楼梯木扶手工程量按中心线斜长计算，弯头长度也应考虑在扶手长度内。

2. 博风板工程量计算按中心线斜长考虑，有大刀头的博风板，每个大刀头需增加长度 50cm。

3. 木板、纤维板、胶合板等人造板的油漆，单面油漆按单面面积计算，双面油漆按双面面积计算。

4. 木护墙、木墙裙油漆涂料按垂直投影面积计算。

5. 台板、筒子板、盖板、门窗套、踢脚线油漆按水平或垂直投影面积计算，计算门窗套的贴脸板和筒子板的垂直投影面积应合并。

6. 清水板条天棚、檐口和木方格吊顶的天棚油漆以水平投影面积计算，不扣除空洞所占的面积。

7. 暖气罩油漆，垂直面的，按垂直投影面积计算，突出墙面的水平面，按水平投影面积计算，不扣除空洞所占的面积。

8. 工程量以面积计算的油漆、涂料项目，线角、线条、压条等形体不展开。

（五）有关工程内容的说明

1. 有线角、线条、压条的油漆、涂料面的工料消耗应注意包含在报价内。

2. 抹灰面的油漆、涂料，应注意基层的类型，如一般抹灰墙柱面与拉条灰、拉毛灰、甩毛灰等墙柱面油漆、涂料的耗工量与材料消耗量是大不相同的。

3. 空花格、栏杆刷涂料工程量按外框单面垂直投影面积计算，但应注意将其展开面积所消耗的工料包括在报价内。

4. 刮腻子应注意刮腻子遍数，以及是满刮腻子还是找补腻子。

5. 墙纸和织锦缎的壁布裱糊，应注意幅间是要求对花的，还是不对花的。

七、附录 B.6　其他工程

（一）概况

本章共 7 节 48 个项目。包括柜类、货架，暖气罩，浴厕配件，压条、装饰线，雨篷、旗杆，招牌、灯箱和美术字等项目。适用于建筑装饰装修物件的制作与安装工程。

（二）有关项目的说明

1. 厨房壁柜和厨房吊柜项目，嵌入墙内为壁柜，以支架固定于墙上的为吊柜。

2. 压条、装饰线已包括在门扇、墙柱面、天棚等项目内的，不需要再单独列项。

3. 洗漱台项目适用于天然石材、人造石材等石质、玻璃材质等。

4. 旗杆的台座可采用砌砖或混凝土，其饰面可按相关附录的章节另行编码列项，也可纳入旗杆报价内。

5. 美术字不分字体，但应按规格大小进行分类。

（三）有关项目特征的说明

1. 台柜的规格以能分离的柜体单体长、宽、高来表示，如一个组合书柜分上下两部分，下部为独立的矮柜，上部为敞开式的高柜，则可以上、下两部分分开报价。

2. 镜面玻璃和灯箱等的基层材料是指玻璃背后的衬垫部分，如胶合板、塑料材料等。

3. 装饰线和美术字的基层类型指的是装饰线、美术字所依托的材料体，如砖墙、石墙、混凝土墙、抹灰墙面、板条木墙和钢支架等。

4. 旗杆高度指旗杆台座的上表面至旗杆顶的尺寸(包括球珠)。

5. 美术字的字体规格以字的外接矩形长、宽和字的厚度表示。固定方式包括粘贴、焊接和钉接等。钉接有铁钉、螺栓、铆钉固定等方式。

（四）有关工程量计算的说明

1. 台柜工程量计量以"个"表示，即以能分离的，可以是同规格的单体个数来计算。如一组柜台有同规格为 1500mm×400mm×1200mm 的 5 个单体，另有一个柜台规格为 1500mm×400mm×1150mm，台底安装胶轮 4 个，以便柜台内营业员由此出入。这样 1500mm×400mm×1200mm 规格的柜台数则为 5 个，1500mm×400mm×1150mm 柜台数为 1 个。

2. 洗漱台放置洗面盆的地方必须挖洞，根据洗漱台摆放的位置，需选形画线、挖洞、削角。为此，洗漱台的工程量应以外接矩形来计算。挡板指镜面玻璃下边沿至洗漱台面和侧墙与台面接触部位的竖挡板或称上返沿，一般挡板与台面使用同种材料，若采用不同材料应另行计算。吊沿指台面外边沿下方的竖挡板或称下返沿。挡板和吊沿均将其面积并入台面面积内计算。

（五）有关工程内容的说明

1. 台柜项目以"个"计算，应按设计施工图纸或说明选取，包括台柜、台面、内隔板、连接件、配件等均应包括在报价内。

2. 洗漱台切割、磨边等人工、机械费用应包括在清单报价内。

3. 金属旗杆也可将旗杆台座及台座面层一起合并报价。

（六）举例

某厂区旗杆，混凝土 C10 基础 3000mm×800mm×300mm，砖基座 2700mm×600mm×370mm，基座面层贴 20mm 厚芝麻白花岗石板，3 根不锈钢管（0Cr18Ni19），每根长 12.192m、φ63.5、壁厚 1.2mm。

1. 根据施工图计算：

（1）土方 0.84m³、回填土 0.64 m³、余土运输 0.2 m³。

（2）混凝土 C10 旗杆基础体积 0.72 m³。

（3）砖基座砌筑体积 0.60 m³。

（4）芝麻白花岗石 500mm×500mm 台座面层 6.24m²。

（5）3 根不锈钢旗杆 0.93kg/m×36.58m＝34.02kg。

2. 投标人报价计算：

（1）挖土方、运土方、回填土：

1）人工费：挖土方：25 元/工日×0.537 工日/m³×0.84 m³＝11.28 元

余土运输：25 元/工日×0.25 工日/m³×0.2 m³＝1.25 元

回填土：25 元/工日×0.294 工日/m³×0.64 m³＝4.7 元

小计：17.23 元

2）机械费：挖土方：11 元/台班×0.0018 台班/m³×0.84 m³＝0.02 元

回填土：11 元/台班×0.0798 台班/m³×0.64 m³＝1.27 元

小计：1.29 元

3）合计：18.52 元

（2）混凝土基础：

1）人工费：25 元/工日×1.058 工日/m³×0.72 m³＝19.04 元

2）材料费：混凝土：140 元/m³×1.015 m³/m³×0.72 m³＝102.31 元

草袋子：3 元/m³×0.326m³/m³×0.72 m³＝0.70 元

水：1.8 元/m³×0.931 m³/m³×0.72 m³＝1.21 元

小计：104.22 元

3）机械费：混凝土搅拌机：96 元/台班×0.039 台班/m³×0.72 m³＝2.70 元

振捣器：4.8 元/台班×0.077 台班/m³×0.72 m³＝0.27 元

机动翻斗车：48 元/台班×0.078 台班/m³×0.72 m³＝2.70 元

小计：5.67 元

4）合计：128.93 元

（3）砖基座砌筑：

1）人工费：25 元/工日×2.3 工日/m³×0.6 m³＝34.5 元

2）材料费：水泥砂浆 M5：135 元/m³×0.211 m³/m³×0.6 m³＝17.09 元

砖：180 元/千块×0.5514 千块/m³×0.6 m³＝59.55 元

水：1.8 元/m³×0.11 m³/m³×0.6 m³＝0.12 元

小计：76.76 元

3）机械费：压浆搅拌机 200L：49.18 元/台班×0.035 台班/m³×0.6 m³＝1.03 元

4）合计：112.29 元

（4）台座面层：

1）人工费：25 元/工日×0.253 工日/m²×6.24 m²＝39.47 元

2）材料费：白水泥：0.55 元/kg×0.103kg/m²×0.624 m²＝0.35 元

花岗石：124 元/m²×1.02 m²/m²×6.24 m²＝789.24 元

其他材料费：63.14 元

小计：852.73 元

3）机械费：压浆搅拌机 200L：49.18 元/台班×0.0052 台班/m²×6.24 m²＝1.60 元

石料切割机：52.0 元/台班×0.0201 台班/m²×6.24 m²＝6.52 元

小计：8.12 元

4）合计：900.32 元

（5）旗杆制作、安装：

1）人工费：25 元/工日×0.855 工日/kg×34.02kg＝727.18 元

2）材料费：螺栓：0.65 元/只×0.272 只/kg×34.02kg＝6.02 元

旗杆球珠：45 元/只×3 只＝135 元

定滑轮：62 元/个×3 个＝186 元

铁件：3.2 元/kg×1.5671kg/kg×34.02kg＝53.32 元

电焊条：5 元/kg×0.4331kg/kg×34.02kg＝73.68 元

不锈钢管：600 元/根×3 根＝1800 元

小计：2254.02 元

3）机械费：交流焊机：54 元/台班×0.12 台班/kg×17.01 kg＝110.22 元

4）合计：3201.64 元

（6）旗杆综合：

1）直接费合计：4361.70 元

2）管理费：直接费×34%＝1482.98 元

3）利润：直接费×8%＝348.94 元

4）综合单价：2064.54 元

分部分项工程量清单计价表

工程名称：某工程　　　　　　　　　　　　　　　　　　　第　页　共　页

序号	项目编码	项目名称	计量单位	工程数量	综合单价	合　　价
					金　额（元）	
	020605002001	金属旗杆 混凝土 C10 基础 3000×800×300 砖基座 2700×600×370 基座面层 20mm 厚花岗石板 500×500 不锈钢管（0Cr18Ni19） 每根长 12.19m，φ63.5，壁厚 1.2mm	根	3	2064.54	6193.62
		本页小计				
		合　　计				

分部分项工程量清单综合单价计算表

工程名称：某工程　　　　　　　　　　　　　　　　计量单位：根

项目编码：020605002001　　　　　　　　　　　　工程数量：3

项目名称：金属旗杆　　　　　　　　　　　　　　综合单价：2064.54 元

序号	定额编号	工程内容	单位	数量	人工费	材料费	机械费	管理费	利润	小计
					其中：　　　　　　（元）					
	1-8	挖土方（三类土）	m³	0.28	3.76		0.01	1.28	0.3	5.35
	1-49	运土方（40m）	m³	0.067	0.42			0.14	0.03	0.59
	1-46	回填土	m³	0.21	1.57			0.42	0.68	0.16	2.83
	4-60	砖基座砌筑	m³	0.20	11.50	25.59	0.34	12.73	2.99	53.15
	5-396	混凝土 C10 基础	m³	0.24	6.35	34.74	1.89	14.61	3.44	61.03
	1-008（装）	台座面层 20mm 厚芝麻白花岗石板	m³	2.08	13.16	284.24	2.71	102.04	24.01	426.16
	6-205（装）	不锈钢旗杆	根	1.00	242.39	751.34	73.48	362.85	85.38	1515.44
		合　　计			279.13	1095.91	78.85	494.33	116.31	2064.54

第三节 工程量清单规范 附录 E

E.1 绿化工程

E.1.1 绿地整理。工程量清单项目设置及工程量计算规则，应按表 E.1.1 的规定执行。

绿 地 整 理（编码：050101） 表 E.1.1

项目编码	项目名称	项目特征	计量单位	工程量计算规则	工程内容
050101001	伐树、挖树根	树干胸径	株	按估算数量计算	1. 伐树、挖树根 2. 废弃物运输 3. 场地清理
050101002	砍挖灌木丛	冠丛高	株（株丛）	按估算数量计算	1. 灌木砍挖 2. 废弃物运输 3. 场地清理
050101003	挖竹根	冠丛高	株（株丛）	按估算面积计算	1. 砍挖竹根 2. 废弃物运输 3. 场地清理
050101004	挖芦苇根	冠丛高	m²	按估算面积计算	1. 苇根砍挖 2. 废弃物运输 3. 场地清理
050101005	清除草皮	冠丛高	m²	按估算面积计算	1. 除草 2. 废弃物运输 3. 场地清理
050101006	整理绿化用地	1. 土壤类别 2. 土质要求 3. 取土运距 4. 回填厚度 5. 弃渣运距	m²	按设计图示尺寸，以面积计算	1. 排地表水 2. 土方挖、运 3. 耙细、过筛 4. 回填 5. 找平、找坡 6. 拍实
050101007	屋顶花园基底处理	1. 找平层厚度、砂浆种类、强度等级 2. 防水层种类、做法 3. 排水层厚度、材质 4. 过滤层厚度、材质 5. 回填轻质土厚度、种类 6. 屋顶高度 7. 垂直运输方式	m²	按设计图示尺寸，以面积计算	1. 抹找平层 2. 防水层铺设 3. 排水层铺设 4. 过滤层铺设 5. 填轻质土壤 6. 运输

E.1.2 栽植花木。工程量清单项目设置及工程量计算规则，应按表 E.1.2 的规定执行。

项目编码	项目名称	项目特征	计量单位	工程量计算规则	工程内容
050102001	栽植乔木	1. 乔木种类 2. 乔木胸径 3. 养护期	株(株丛)	按设计图示数量计算	1. 起挖 2. 运输 3. 栽植 4. 养护
050102002	栽植竹类	1. 竹种类 2. 竹胸径 3. 养护期			
050102003	栽植棕榈类	1. 棕榈种类 2. 株高 3. 养护期	株		
050102004	栽植灌木	1. 灌木种类 2. 冠丛高 3. 养护期			
050102005	栽植绿篱	1. 绿篱种类 2. 篱高 3. 行数 4. 养护期	m/m²	按设计图示以长度或面积计算	
050102006	栽植攀缘植物	1. 植物种类 2. 养护期	株	按设计图示数量计算	
050102007	栽植色带	1. 苗木种类 2. 苗木株高 3. 养护期	m²	按设计图示尺寸，以面积计算	
050102008	栽植花卉	1. 花卉种类 2. 养护期	株/m²	按设计图示数量或面积计算	
050102009	栽植水生植物	1. 植物种类 2. 养护期	丛/m²		
050102010	铺种草皮	1. 草皮种类 2. 铺种方式 3. 养护期	m²	按设计图示尺寸，以面积计算	1. 坡地细整 2. 阴坡 3. 草籽喷播 4. 覆盖 5. 养护
050102011	喷播植草	1. 草籽种类 2. 养护期			

E.1.3 绿地喷灌。工程量清单项目设置及工程量计算规则，应按表 E.1.3 的规定执行。

绿 地 喷 灌（编码：050103）   表 E. 1. 3

项目编码	项目名称	项目特征	计量单位	工程量计算规则	工程内容
050103001	喷灌设施	1. 土石类别 2. 阀门井材料种类、规格 3. 管道品种、规格、长度 4. 管件、阀门、喷头的品种、规格、数量 5. 感应电控装置品种、规格、品牌 6. 管道固定方式 7. 防护材料种类 8. 油漆品种、刷漆遍数	m	按设计图示尺寸以长度计算	1. 挖土石方 2. 阀门井砌筑 3. 管道铺设 4. 管道固筑 5. 感应电控设施安装 6. 水压试验 7. 刷防护材料油漆 8. 回填

E. 1. 4　其他相关问题，应按下列规定处理：

1. 挖土外运、借土回填、挖（凿）土（石）方应包括在相关项目内。

2. 苗木计量应符合下列规定：

1）胸径（或干径）应为地表面向上 1.2m 高处树干的直径。

2）株高应为地表面至树顶端的高度。

3）冠丛高应为地表面至乔（灌）木顶端的高度。

4）篱高应为地表面至绿篱顶端的高度。

5）生长期应为苗木种植至起苗的时间。

6）养护期应为招标文件中要求苗木栽植后承包人负责养护的时间。

E. 2　园路、园桥、假山工程

E. 2. 1　园路桥工程。工程量清单项目设置及工程量计算规则，应按表 E. 2. 1 的规定执行。

园 路 桥 工 程（编码：050201）   表 E. 2. 1

项目编码	项目名称	项目特征	计量单位	工程量计算规则	工程内容
050201001	园路	1. 垫层厚度、宽度、材料种类 2. 路面厚度、宽度、材料种类 3. 混凝土强度等级 4. 砂浆强度等级	m²	按设计图示尺寸，以面积计算，但不包括路牙	1. 园路路基、路床整理 2. 垫层铺筑 3. 路面铺筑 4. 路面养护
050201002	路牙铺设	1. 垫层厚度、材料种类 2. 路牙材料种类、规格 3. 混凝土强度等级 4. 砂浆强度等级	m	按设计图示尺寸，以长度计算	1. 基层清理 2. 垫层铺设 3. 路牙铺设
050201003	树池围牙、盖板	1. 围牙材料种类、规格 2. 铺设方式 3. 盖板材料种类、规格			1. 清理基层 2. 围牙、盖板运输 3. 围牙、盖板铺设
050201004	嵌草砖铺装	1. 垫层厚度 2. 铺设方式 3. 嵌草砖品种、规格、颜色 4. 漏空部分填土要求	m²	按设计图示尺寸，以面积计算	1. 原土夯实 2. 垫层铺设 3. 铺砖 4. 填土

项目编码	项目名称	项目特征	计量单位	工程量计算规则	工程内容
050201005	石桥基础	1. 基础类型 2. 石料种类、规格 3. 混凝土强度等级 4. 砂浆强度等级	m³	按设计图示尺寸，以体积计算	1. 垫层铺筑 2. 基础砌筑、浇筑 3. 砌石
050201006	石桥墩、石桥台	1. 石料种类、规格 2. 勾缝要求 3. 砂浆强度等级、配合比			1. 石料加工 2. 起重架搭、拆 3. 墩、台、旋石、旋脸砌筑 4. 勾缝
050201007	拱旋石制作、安装				
050201008	石旋脸制作、安装	1. 石料种类、规格 2. 旋脸雕刻要求 3. 勾缝要求 4. 砂浆强度等级、配合比	m²	按设计图示尺寸，以面积计算	
050201009	金刚墙砌筑		m³	按设计图示尺寸，以体积计算	1. 石料加工 2. 起重架搭、拆 3. 砌石 4. 填土夯实
050201010	石桥面铺筑	1. 石料种类、规格 2. 找平层厚度、材料种类 3. 勾缝要求 4. 混凝土强度等级 5. 砂浆强度等级	m²	按设计图示尺寸，以面积计算	1. 石材加工 2. 抹找平层 3. 起重架搭、拆 4. 桥面、桥面踏步铺设 5. 勾缝
050201011	石桥面檐板	1. 石料种类、规格 2. 勾缝要求 3. 砂浆强度等级、配合比			1. 石材加工 2. 檐板、仰天石、地伏石铺设 3. 铁锔、银锭安装 4. 勾缝
050201012	仰天石、地伏石		m/m³	按设计图示尺寸，以长度或体积计算	
050201013	石望柱	1. 石料种类、规格 2. 柱高、截面 3. 柱身雕刻要求 4. 柱头雕饰要求 5. 勾缝要求 6. 砂浆配合比	根	按设计图示数量计算	1. 石料加工 2. 柱身、柱头雕刻 3. 望柱安装 4. 勾缝
050201014	栏杆、扶手	1. 石料种类、规格 2. 栏杆、扶手截面 3. 勾缝要求 4. 砂浆配合比	m	按设计图示尺寸，以长度计算	1. 石料加工 2. 栏杆、扶手安装 3. 铁锔、银锭安装 4. 勾缝
050201015	栏板、撑鼓	1. 石料种类、规格 2. 栏板、撑鼓雕刻要求 3. 勾缝要求 4. 砂浆配合比	块/m²	按设计图示数量或面积计算	1. 石料加工 2. 栏板、撑鼓雕刻 3. 栏板、撑鼓安装 4. 勾缝
050201016	木制步桥	1. 桥宽度 2. 桥长度 3. 木材种类 4. 各部件截面长度 5. 防护材料种类	m²	按设计图示尺寸，以桥面板长乘桥面板宽的面积计算	1. 木桩加工 2. 打木桩基础 3. 木梁、木桥板、木桥栏杆、木扶手制作、安装 4. 连接铁件、螺栓安装 5. 刷防护材料

E.2.2 堆塑假山。工程量清单项目设置及工程量计算规则，应按表 E.2.2 的规定执行。

堆 塑 假 山（编码：050202）　　　　　　　表 E.2.2

项目编码	项目名称	项目特征	计量单位	工程量计算规则	工程内容
050202001	堆筑土山丘	1. 土丘高度 2. 土丘坡度要求 3. 土丘底外接矩形面积	m^3	按设计图示山丘水平投影外接矩形面积乘以高度的 1/3，以体积计算	1. 取土 2. 运土 3. 堆砌、夯实 4. 修整
050202002	堆砌石假山	1. 堆砌高度 2. 石料种类、单块重量 3. 混凝土强度等级 4. 砂浆强度等级、配合比	t	按设计图示尺寸，以估算质量计算	1. 选料 2. 起重架搭、拆 3. 堆砌、修整
050202003	塑假山	1. 假山高度 2. 骨架材料种类、规格 3. 山皮料种类 4. 混凝土强度等级 5. 砂浆强度等级、配合比 6. 防护材料种类	m^2	按设计图示尺寸，以估算面积计算	1. 骨架制作 2. 假山胎模制作 3. 塑假山 4. 山皮料安装 5. 刷防护材料
050202004	石笋	1. 石笋高度 2. 石笋材料种类 3. 砂浆强度等级、配合比	支	按设计图示数量计算	1. 选石料 2. 石笋安装
050202005	点风景石	1. 石料种类 2. 石料规格、重量 3. 砂浆配合比	块		1. 选石料 2. 起重架搭、拆 3. 点石
050202006	池石、盆景山石	1. 底盘种类 2. 山石高度 3. 山石种类 4. 混凝土砂浆强度等级 5. 砂浆强度等级、配合比	座（个）		1. 底盘制作、安装 2. 池石、盆景山石安装、砌筑
050202007	山石护角	1. 石料种类、规格 2. 砂浆配合比	m^3	按设计图示尺寸，以体积计算	1. 石料加工 2. 砌石
050202008	山坡石台阶	1. 石料种类、规格 2. 台阶坡度 3. 砂浆强度等级	m^2	按设计图示尺寸，以水平投影面积计算	1. 选石料 2. 台阶砌筑

E.2.3 驳岸。工程量清单项目设置及工程量计算规则，应按表 E.2.3 的规定执行。

驳 岸(编码：050203)　　　　　　　　　　　　　　　　　　　　　　　表 E.2.3

项目编码	项目名称	项目特征	计量单位	工程量计算规则	工程内容
050203001	石砌驳岸	1. 石料种类、规格 2. 驳岸截面、长度 3. 勾缝要求 4. 砂浆强度等级、配合比	m^3	按设计图示尺寸，以体积计算	1. 石料加工 2. 砌石 3. 勾缝
050203002	原木桩驳岸	1. 木材种类 2. 桩直径 3. 桩单根长度 4. 防护材料种类	m	按设计图示以桩长（包括桩尖）计算	1. 木桩加工 2. 打木桩 3. 刷防护材料
050203003	散铺砂卵石护岸（自然护岸）	1. 护岸平均宽度 2. 粗细砂比例 3. 卵石粒径 4. 大卵石粒径、数量	m^2	按设计图示平均护岸宽度乘以护岸长度的面积计算	1. 修边坡 2. 铺卵石、点布大卵石

E.2.4　其他相关问题，应按下列规定处理：

1. 园路、园桥、假山（堆筑土山丘除外）、驳岸工程等的挖土方、开凿石方、回填等应按 A.1 相关项目编码列项。

2. 如遇某些构配件使用钢筋混凝土或金属构件时，应按附录 A 或附录 D 相关项目编码列项。

E.3　园林景观工程

E.3.1　原木、竹构件。工程量清单项目设置及工程量计算规则，应按表 E.3.1 的规定执行。

原木、竹构件(编码：050301)　　　　　　　　　　　　　　　　　　表 E.3.1

项目编码	项目名称	项目特征	计量单位	工程量计算规则	工程内容
050301001	原木（带树皮）柱、梁、檩、椽	1. 原木种类 2. 原木梢径（不含树皮厚度） 3. 墙龙骨材料种类、规格 4. 墙底层材料种类、规格 5. 构件连接方式 6. 防护材料种类	m	按设计图示尺寸，以长度计算（包括榫长）	1. 构件制作 2. 构件安装 3. 刷防护材料
050301002	原木（带树皮）墙		m^2	按设计图示尺寸，以面积计算（不包括柱、梁）	
050301003	树枝吊挂楣子			按设计图示尺寸，以框外围面积计算	
050301004	竹柱、梁、檩、椽	1. 竹种类 2. 竹梢径 3. 连接方式 4. 防护材料种类	m	按设计图示尺寸，以长度计算	
050301005	竹编墙	1. 竹种类 2. 墙龙骨材料种类、规格 3. 墙底层材料种类、规格 4. 防护材料种类	m^2	按设计图示尺寸，以面积计算（不包括柱、梁）	
050301006	竹吊挂楣子	1. 竹种类 2. 竹梢径 3. 防护材料种类		按设计图示尺寸，以框外围面积计算	

E.3.2 亭廊屋面。工程量清单项目设置及工程量计算规则，应按表E.3.2的规定执行。

亭 廊 屋 面(编码：050302)   表 E.3.2

项目编码	项目名称	项目特征	计量单位	工程量计算规则	工程内容
050302001	草屋面	1. 屋面坡度 2. 铺草种类 3. 竹材种类 4. 防护材料种类	m²	按设计图示尺寸，以斜面面积计算	1. 整理、选料 2. 屋面铺设 3. 刷防护材料
050302002	竹屋面				
050302003	树皮屋面				
050302004	现浇混凝土斜屋面板	1. 檐口高度 2. 屋面坡度 3. 板厚 4. 椽子截面 5. 老角梁、子角梁截面 6. 脊截面 7. 混凝土强度等级	m³	按设计图示尺寸，以体积计算。混凝土屋脊并入屋面体积内	混凝土制作、运输、浇筑、振捣、养护
050302005	现浇混凝土攒尖亭屋面板				
050302006	就位预制混凝土攒尖亭屋面板	1. 亭屋面坡度 2. 穹顶弧长、直径 3. 肋截面尺寸 4. 板厚 5. 混凝土强度等级 6. 砂浆强度等级 7. 拉杆材质、规格		按设计图示尺寸，以体积计算。混凝土脊和穹顶的肋、基梁并入屋面体积内	1. 混凝土制作、运输、浇筑、振捣、养护 2. 预埋铁件、拉杆安装 3. 构件出槽、养护、安装 4. 接头灌缝
050302007	就位预制混凝土穹顶				
050302008	彩色压型钢板(夹芯板)攒尖亭屋面板	1. 屋面坡度 2. 穹顶弧长、直径 3. 彩色压型钢板(夹芯板)品种、规格、品牌、颜色 4. 拉杆材质、规格 5. 嵌缝材料种类 6. 防护材料种类	m²	按设计图示尺寸，以面积计算	1. 压型板安装 2. 护角、包角、泛水安装 3. 嵌缝 4. 刷防护材料
050302009	彩色压型钢板(夹芯板)穹顶				

E.3.3 花架。工程量清单项目设置及工程量计算规则，应按表E.3.3的规定执行。

花　架(编码：050303)　　　　　　　　　　　表 E.3.3

项目编码	项目名称	项目特征	计量单位	工程量计算规则	工程内容
050303001	现浇混凝土花架柱、梁	1. 柱截面、高度、根数 2. 盖梁截面、高度、根数 3. 连系梁截面、高度、根数 4. 混凝土强度等级		按设计图示尺寸，以体积计算	1. 土(石)方挖运 2. 混凝土制作、运输、浇筑、振捣、养护
050303002	预制混凝土花架柱、梁	1. 柱截面、高度、根数 2. 盖梁截面、高度、根数 3. 连系梁截面、高度、根数 4. 混凝土强度等级 5. 砂浆配合比	m³		1. 土(石)方挖运 2. 混凝土制作、运输、浇筑、振捣、养护 3. 构件制作、运输、安装 4. 砂浆制作、运输 5. 接头灌缝、养护
050303003	木花架柱、梁	1. 木材种类 2. 柱、梁截面 3. 连接方式 4. 防护材料种类		按设计图示截面宽度乘长度（包括榫长）的体积计算	1. 土(石)方挖运 2. 混凝土制作、运输、浇筑、振捣、养护 3. 构件制作、运输、安装 4. 刷防护材料、油漆
050303004	金属花架柱、梁	1. 钢材品种、规格 2. 柱、梁截面 3. 油漆品种、刷漆遍数	t	按设计图示以质量计算	

E.3.4　园林桌椅。工程量清单项目设置及工程量计算规则，应按表 E.3.4 的规定执行。

园 林 桌 椅(编码：050304)　　　　　　　　表 E.3.4

项目编码	项目名称	项目特征	计量单位	工程量计算规则	工程内容
050304001	木制飞来椅	1. 木材种类 2. 座凳面厚度、宽度 3. 靠背扶手截面 4. 靠背截面 5. 座凳楣子形状、尺寸 6. 铁件尺寸、厚度 7. 油漆品种、刷油遍数			1. 座凳面、靠背扶手、靠背、楣子制作、安装 2. 铁件安装 3. 刷油漆
050304002	钢筋混凝土飞来椅	1. 座凳面厚度、宽度 2. 靠背扶手截面 3. 靠背截面 4. 座凳楣子形状、尺寸 5. 混凝土强度等级 6. 砂浆配合比 7. 油漆品种、刷油遍数	m	按设计图示尺寸，以座凳面中心线长度计算	1. 混凝土制作、运输、浇筑、振捣、养护 2. 预制件运输、安装 3. 砂浆制作、运输、抹面、养护 4. 刷油漆
050304003	竹制飞来椅	1. 竹材种类 2. 座凳面厚度、宽度 3. 靠背扶手梢径 4. 靠背截面 5. 座凳楣子形状、尺寸 6. 铁件尺寸、厚度 7. 防护材料种类			1. 座凳面、靠背扶手、靠背、楣子制作、安装 2. 铁件安装 3. 刷防护材料
050304004	现浇混凝土桌凳	1. 桌凳形状 2. 基础尺寸、埋设深度 3. 桌面尺寸、支墩高度 4. 凳面尺寸、支墩高度 5. 混凝土强度等级、砂浆配合比	个	按设计图示数量计算	1. 土方挖运 2. 混凝土制作、运输、浇筑、振捣、养护 3. 桌凳制作 4. 砂浆制作、运输 5. 桌凳安装、砌筑

项目编码	项目名称	项目特征	计量单位	工程量计算规则	工程内容
050304005	预制混凝土桌凳	1. 桌凳形状 2. 基础形状、尺寸、埋设深度 3. 桌面形状、尺寸、支墩高度 4. 凳面尺寸、支墩高度 5. 混凝土强度等级 6. 砂浆配合比	个	按设计图示数量计算	1. 混凝土制作、运输、浇筑、振捣、养护 2. 预制件制作、运输、安装 3. 砂浆制作、运输 4. 接头灌缝、养护
050304006	石桌石凳	1. 石材种类 2. 基础形状、尺寸、埋设深度 3. 桌面形状、尺寸、支墩高度 4. 凳面形状、尺寸、支墩高度 5. 混凝土强度等级 6. 砂浆配合比			1. 土方挖运 2. 混凝土制作、运输、浇筑、振捣、养护 3. 桌凳制作 4. 砂浆制作、运输 5. 桌凳安砌
050304007	塑树根桌凳	1. 桌凳直径 2. 桌凳高度 3. 砖石种类 4. 砂浆强度等级、配合比 5. 颜料品种、颜色			1. 土(石)方运挖 2. 砂浆制作、运输 3. 砖石砌筑 4. 塑树皮 5. 绘制木纹
050304008	塑树节椅				
050304009	塑料、铁艺、金属椅	1. 木座板面截面 2. 塑料、铁艺、金属椅规格、颜色 3. 混凝土强度等级 4. 防护材料种类			1. 土(石)方挖运 2. 混凝土制作、运输、浇筑、振捣、养护 3. 座椅安装 4. 木座板制作、安装 5. 刷防护材料

E.3.5 喷泉安装。工程量清单项目设置及工程量计算规则,应按表 E.3.5 的规定执行。

喷 泉 安 装(编码:050305) 表 E.3.5

项目编码	项目名称	项目特征	计量单位	工程量计算规则	工程内容
050305001	喷泉管道	1. 管材、管件、水泵、阀门、喷头品种、规格、品牌 2. 管道固定方式 3. 防护材料种类	m	按设计图示尺寸,以长度计算	1. 土(石)方挖运 2. 管道、管件、水泵、阀门、喷头安装 3. 刷防护材料 4. 回填
050305002	喷泉电缆	1. 保护管品种、规格 2. 电缆品种、规格			1. 土(石)方挖运 2. 电缆保护管安装 3. 电缆敷设 4. 回填
050305003	水下艺术装饰灯具	1. 灯具品种、规格、品牌 2. 灯光颜色	套	按设计图示数量计算	1. 灯具安装 2. 支架制作、运输、安装
050305004	电气控制柜	1. 规格、型号 2. 安装方式	台		1. 电气控制柜(箱)安装 2. 系统调试

E.3.6 杂项。工程量清单项目设置及工程量计算规则，应按表 E.3.6 的规定执行。

杂 项(编码：050306)

表 E.3.6

项目编码	项目名称	项目特征	计量单位	工程量计算规则	工程内容
050306001	石灯	1. 石料种类 2. 石灯最大截面 3. 石灯高度 4. 混凝土强度等级 5. 砂浆配合比	个	按设计图示数量计算	1. 土(石)方挖运 2. 混凝土制作、运输、浇筑、振捣、养护 3. 石灯制作、安装
050306002	塑仿石音箱	1. 音箱石内空尺寸 2. 铁丝型号 3. 砂浆配合比 4. 水泥漆品牌、颜色			1. 胎模制作、安装 2. 铁丝网制作、安装 3. 砂浆制作、运输养护 4. 喷水泥漆 5. 埋置仿石音箱
050306003	塑树皮梁、柱	1. 塑树种类 2. 塑竹种类 3. 砂浆配合比 4. 颜料品种、颜色	m² (m)	按设计图示尺寸，以梁柱外表面积计算或以构件长度计算	1. 灰塑 2. 刷涂颜料
050306004	塑竹梁、柱				
050306005	花坛铁艺栏杆	1. 铁艺栏杆高度 2. 铁艺栏杆单位长度重量 3. 防护材料种类	m	按设计图示尺寸，以长度计算	1. 铁艺栏杆安装 2. 刷防护材料
050306006	标志牌	1. 材料种类、规格 2. 镌字规格、种类 3. 喷字规格、颜色 4. 油漆品种、颜色	个	按设计图示数量计算	1. 选料 2. 标志牌制作 3. 雕琢 4. 镌字、喷字 5. 运输、安装 6. 刷油漆
050306007	石浮雕	1. 石料种类 2. 浮雕种类 3. 防护材料种类	m²	按设计图示尺寸，以雕刻部分外接矩形面积计算	1. 放样 2. 雕琢 3. 刷防护材料
050306008	石镌字	1. 石料种类 2. 镌字种类 3. 镌字规格 4. 防护材料种类	个	按设计图示数量计算	
050306009	砖石砌小摆设	1. 砖种类、规格 2. 石种类、规格 3. 砂浆强度等级、配合比 4. 石表面加工要求 5. 勾缝要求	m³ (个)	按设计图示尺寸，以体积计算或以数量计算	1. 砂浆制作、运输 2. 砌砖、石 3. 抹面、养护 4. 勾缝 5. 石表面加工

E.3.7 其他相关问题，应按下列规定处理：

1. 柱顶石(磉磴石)、木柱、木屋架、钢柱、钢屋架、屋面木基层和防水层等，应按附录 A 相关项目编码列项。

2. 需要单独列项目的土石方和基础项目，应按附录 A 相关项目编码列项。

3. 木构件连接方式应包括：开榫连接、铁件连接、扒钉连接、铁钉连接。

4. 竹构件连接方式应包括：竹钉固定、竹篾绑扎、铁丝绑扎。

5. 膜结构的亭、廊，应按附录 A 相关项目编码列项。

6. 喷泉水池应按附录 A 相关项目编码列项。

7. 石浮雕应按下表分类：

浮雕种类	加 工 内 容
阴线刻	首先磨光磨平石料表面，然后以刻凹线(深度在 2～3mm)勾画出人物、动植物或山水
平浮雕	首先磨光石料表面，然后凿出堂子(凿深在 60mm 以内)，凸出欲雕图案。图案凸出的平面应达到"扁光"、堂子达到"钉细麻"
浅浮雕	首先凿出石料初形，凿出堂子(凿深在 60～200mm 以内)，凸出欲雕图形，再加工雕饰图形，使其表面有起有伏和有立体感。图形表面应达到"二遍剁斧"，堂子达到"钉细麻"
高浮雕	首先凿出石料初形，然后凿掉欲雕图形多余部分(凿深在 200mm 以上)，凸出欲雕图形，再细雕图形，使之有较强的立体感(有时高浮雕的个别部位与堂子之间漏空)。图形表面达到"四遍剁斧"，堂子达到"钉细麻"或"扁光"

8. 石镌字种类应是指阴文和阴包阳。

9. 砌筑果皮箱、放置盆景的须弥座等，应按 E.3.6 中砖石砌小摆设项目编码列项。

第四节　园林绿化工程工程量清单项目及计算规则

一、概述

（一）内容及适用范围

1. 包括内容：附录 E 清单项目包括绿化工程，园路、园桥、假山工程，园林景观工程，共三章、12 节、87 个项目。

2. 适用范围：附录 E 清单项目适用于采用工程量清单计价的公园、小区、道路等的园林绿化工程。

（二）章、节、项目的设置

1. 附录 E 清单项目与原建设部(88)建标字第 451 号文颁发的《仿古建筑及园林工程预算定额》(以下简称园林定额)中园林绿化工程项目设置进行了适当对应衔接。

2. 附录 E 清单项目将园林定额第六章的"节"进行新项目的补充划分为章。

3. 附录 E 清单项目"节"的设置是将园林定额适当划细变为节。如原绿化工程，分为"绿地整理"、"栽植花木"、"绿地喷灌"3 节。

4. 附录 E 清单项目"子目"设置，在园林绿化定额基础上增加了屋顶花园基底处理、喷播植草、喷灌设施、树池围牙盖板、嵌草砖铺装、石桥、木桥、原木桩驳岸、原木构件、竹构件、竹屋面、树皮屋面、斜屋面、亭屋面、穹顶、金属花架、木制飞来椅、竹制飞来椅、钢筋混凝土飞来椅、石桌、石凳、塑料椅、铁艺座椅、金属座椅、喷泉设施等项目。

（三）有关问题的说明

1. 附录之间的衔接。附录 E 清单项目中未列项的清单项目，如亭、台、楼、阁，长廊的柱、梁、墙，喷泉的水池等可按附录 A 相关项目编码列项，混凝土花架、桌凳等的饰面可按附录 B 相关项目编码列项。

2. 附录 E 共性问题的说明。

（1）附录 E 清单项目所需模板费用和需搭设脚手架费用，应列在工程量清单措施项目费内的专项技术措施费。

（2）附录 E 中未列入的钢筋制作、安装清单项目发生时应按附录 A 相关项目编码列项。

（3）附录 E 未单独列项的平整场地、挖土、凿石和基础等清单项目发生时应按附录 A 相关项目编码列项，清单项目中已包括挖土、凿石和基础的，不再单独列项。

二、附录 E.1　绿化工程

（一）概况

本章共 3 节 19 个项目，包括绿地整理、栽植苗木、绿地喷灌等工程项目，适用于绿化工程。

（二）有关项目的说明

1. 整理绿地是指土石方的挖方、凿石、回填、运输、找平、找坡、耙细。

2. 伐树、挖树根，砍挖灌木林，挖竹根，挖芦苇根和除草项目包括：砍、锯、挖、剔枝、截断、废弃物装、运、卸、集中堆放、清理现场等全部工序。

3. 屋顶花园基底处理项目包括：铺设找平层、粘贴防水层、闭水试验、透水管、排水口埋设、填排水材料、过滤材料剪切、粘接，填轻质土，材料水平、垂直运输等全部工序。

4. 栽植苗木项目包括：起挖苗木、临时假植、苗木包装、装卸押运，回土填塘、挖穴假植、栽植、支撑、回土踏实、筑水围浇水、覆土保墒、养护等全部工序。

5. 喷播植草项目包括：人工细整坡地、阴坡、草籽配制、洒粘结剂（丙烯酰胺、丙烯酸钾交链共聚物等）、保水剂（无毒高分子聚合物）、喷播草籽、铺覆盖物、钉固定钉、施肥浇水、养护及材料运输等全部工序。

6. 喷灌设施安装项目包括：阀门井砌筑或浇筑、井盖安装、管道检查、清扫、切割、焊接（粘接）、套丝、调直，阀门、管件、喷头的安装，感应电控装置安装，管道固筑，管道水压实验调试，管沟回填等全部工序。

（三）有关项目特征的说明

1. 屋顶高度指室外地面至屋顶顶面的高度。

2. 屋顶花园基底处理的垂直运输方式，包括人工、电梯或采用井字架等垂直运输。

3. 苗木种类应根据设计具体描述苗木的名称。

4. 喷灌设施项目防护材料种类，包括阀门井需要的防护材料（如防潮、防水材料），管道、管材、阀门的防护材料。

（四）有关工程量计算规则的说明

1. 伐树、挖树根项目应根据树干的胸径或区分不同胸径范围(如胸径 150~250mm 等),以实际树木的株数计算。

2. 砍挖灌木丛项目应根据灌木丛高或区分不同丛高范围(如丛高 800~1200mm 等),以实际灌木丛数计算。

3. 栽植乔木等项目应根据胸径、株高、丛高或区分不同胸径、株高、丛高范围,以设计数量计算。

4. 喷灌设施项目工程量应区分不同管径从供水主管接口处算至喷头各支管(不扣除阀门所占长度,喷头长度不计算)的总长度计算。

(五)有关工程内容的说明

1. 屋顶花园基底处理项目材料运输,包括水平运输和垂直运输。

2. 苗木栽植项目,如苗木由市场购入,投标人则不计起挖苗木、临时假植、苗木包装、装卸押运、回土填塘等价钱,以苗木购入价及相关费用进行报价。

(六)举例

某公园绿地喷灌设施,从供水主管接出分管长度为 43m,管外径 $\phi32$;从分管至喷头支管长度为 54m,管外径 $\phi20$,共 97m;喷头采用美国鱼鸟牌旋转喷头($2''$)共 6 个;分管、支管均采用川路牌 PPB 塑料管。

1. 经业主根据施工图计算:分管为 $\phi32$ 的长度 43m,支管为 $\phi20$ 的长度 54m,共 97m 长,喷头 6 个,低压塑料丝扣阀门 1 个,水表 1 个。

2. 投标人计算:

(1)挖管沟土方及回填 19.4m³。

1)人工费:25 元/工日×(0.3374 工日/m³+0.2940 工日/m³)×19.4 m³=306.23 元

2)机械费:11 元/台班×(0.0018 台班/m³+0.0798 台班/m³)×19.4 m³=17.41 元

3)合计:323.64 元

(2)低压塑料丝扣阀门安装。

1)人工费:25 元/工日×0.44 工日/个×1 个=11.0 元

2)材料费:9.46 元+64 元/个×1 个+5.6 元/个×2 个=84.66 元

3)机械费:7.69 元

4)合计:103.35 元(包括主材价)

(3)水表安装。

1)人工费:25 元/工日×0.56 工日/组×1 组=14.0 元

2)材料费:37.44 元/组×1 组+18.2 元/个×1 个=55.64 元

3)合计:69.64 元

(4)塑料管安装 $\phi32$、$\phi20$。

1)人工费:25 元/工日×0.086 工日/m×43m+25 元/工日×0.068 工日/m×54m=184.25 元

2)材料费:5.4 元/m×43m+3.23 元/m×54m=406.62 元

3)机械费:0.07 元/m×43m+0.06 元/m×54m=6.25 元

4)合计:597.12 元

（5）喷头安装。

1）人工费：25 元/工日×0.039 工日/个×6 个＝5.85 元

2）材料费：120.14 元/个×6＝720.84 元

3）机械费：0.04 元/个×6 个＝0.24 元

4）合计：726.93 元

（6）综合。

1）直接费合计：1820.68 元

2）管理费：直接费×34%＝619.03 元

3）利润：直接费×8%＝145.65 元

4）总计：2585.35 元

5）综合单价：2585.35 元÷97m＝26.65 元/m

分部分项工程量清单计价表

工程名称：公园绿地　　　　　　　　　　　　　　　　　　　　第　页　共　页

序号	项目编码	项目名称	计量单位	工程数量	金　额（元）	
					综合单价	合价
	050103001001	E.1　绿化工程 喷灌设施 分管 φ32 的 43m（川路PPR塑料管） 支管 φ20 的 54m（川路PPR塑料管） 美国鱼鸟旋转喷头 2″的6 个，水表1个 低压塑料丝扣阀门 1 个 挖土深度 0.5m 一类土	m	97	26.65	2585.35
		本页小计				
		合　　计				

分部分项工程量清单综合单价计算表

工程名称：公园绿地　　　　　　　　　　　　　　　　　计量单位：m
项目编码：050103001001　　　　　　　　　　　　　　工程数量：97
项目名称：喷灌设施　　　　　　　　　　　　　　　　　综合单价：26.63 元

序号	定额编号	工程内容	单位	数量	其中：　　　　（元）					
					人工费	材料费	机械费	管理费	利润	小计
	基1-5，1-66	挖管沟土方及回填（深 2m 以内，一类土）	m³	0.200	3.16	—	0.18	1.14	0.27	4.75
	安 06-1348	低压塑料丝扣阀门安装	组	0.011	0.11	0.87	0.08	0.36	0.08	1.50
	安 08-0355	水表安装	组	0.011	0.14	0.57	—	0.24	0.06	1.01
	北 5-30	塑料管安装	m	1.000	1.90	4.19	0.06	2.09	0.49	8.73
	北 5-82	喷头安装	个	0.062	0.06	7.43	—	2.55	0.60	10.64
		合　　计			5.37	13.06	0.32	6.38	1.50	26.63

注：基—《全国统一建筑工程基础定额》，安—《全国统一安装工程预算定额》，北—《北京市绿化工程定额》。

三、附录 E.2 园路、园桥、假山工程

（一）概况

本章共 3 节 17 个项目。包括园路、园桥，堆砌、塑假山，驳岸工程等项目，适用于公园、小游园等园林建设工程。

（二）有关项目的说明

1. 园路、园桥、假山（除堆筑土山丘）、驳岸工程项目等挖土方、开凿石方、土石方运输、回填土石方按附录 A 有关项目编码列项。

2. 园桥分为石桥、木桥项目，石桥由石基础、石桥台、石桥墩、石桥面及石栏杆等组成；木桥由木桩基础、木梁、木桥面及木栏杆等组成，如遇某些构配件使用钢筋混凝土或金属构件时，按附录 A 有关项目编码列项。

3. 山石护角项目指土山或堆石山的山角堆砌的山石，起挡土石和点缀的作用。

4. 山坡石台阶指随山坡而砌，多使用不规整的石块，无严格统一的每步台阶高度限制，踏步和踢脚无需石表面加工或有少许加工(打荒)。

5. 原木桩驳岸指公园、小区、街边绿地等的溪流河边造境驳岸。

（三）有关项目特征的说明

1. 园路项目路面材料种类有：混凝土路面、沥青路面、石材路面、砖砌路面、卵石路面、片石路面、碎石路面、瓷片路面等；石材应分块石、石板，砖砌应分平砌、侧砌，卵石应分选石、选色、拼花、不拼花，瓷片应分拼花、不拼花等，以上均应在工程量清单中进行描述。

2. 树池围牙铺设方式指围牙的平铺、侧铺。

3. 石桥基础类型指矩形、圆形等石砌基础。如采用混凝土基础应按附录 A 相关项目编码列项。

4. 石桥项目中的勾缝要求同附录 A 石墙勾缝。

5. 石桥项目中构件的雕饰要求，以园林景观工程石浮雕种类划分。

6. 石桥面铺筑，设计规定需做混凝土垫层或回填土时，可按附录 A 相关项目编码列项。

7. 木制步桥项目中的桥宽度、桥长度均以桥板的铺设宽度与长度为准。

8. 木制步桥项目的部件，可分为木桩、木梁、木桥板、木栏杆、木扶手，各部件的规格应在工程量清单中进行描述。

9. 山丘、假山的高度，如山丘、假山设计有多个山头时，以最高的山头进行描述。

10. 木桩驳岸项目的桩直径，可以标注梢径，也可用梢径范围（如 $\phi 100 \sim \phi 140$）描述。

11. 自然护岸如有水泥砂浆粘结卵石要求的，应在工程量清单中进行描述。

（四）有关工程量计算的说明

1. 园路如有坡度时，工程量以斜面积计算。

2. 路牙铺设如有坡度时，工程量按斜长计算。

3. 嵌草砖铺设工程量不扣除漏空部分的面积，如在斜坡上铺设时，按斜面积计算。

4. 石旋脸工程量以看面面积计算。

5. 堆筑土山丘形状过于复杂的，工程量也可以估算体积计算。

6. 山石护角过于复杂的，工程量也可以估算体积计算，并在工程量清单中进行描述。

7. 凡以重量、面积、体积计算的山丘、假山等项目，竣工后按核实的工程量，根据合同条件规定进行调整。

（五）有关工程内容的说明

1. 混凝土园路设置伸缩缝时，预留或切割伸缩缝及嵌缝材料应包括在报价内。

2. 围牙、盖板的制作或购置费应包括在报价内。

3. 嵌草砖的制作或购置费应包括在报价内，嵌草砖漏空部分填土有施肥要求时，也应包括在报价内。

4. 石桥基础在施工时，根据施工方案规定需筑围堰时，筑拆围堰的费用，应列在工程量清单措施项目费内。

5. 石桥面铺筑，设计规定需回填土或做垫层时，可将回填土或垫层包括在石桥面铺筑报价内，相关的回填土或混凝土垫层项目不再报价。

6. 凡石构件发生铁扒锔、银锭制作安装时，应包括在报价内。

四、附录 E.3 园林景观工程

（一）概况

本章共 6 节，41 个项目。包括原木、竹构件、亭廊屋面、花架、园林桌椅、喷泉和杂项等。适用于园林景观工程。

（二）有关项目的说明

1. 本章项目中未包括的基础、柱、梁、墙、屋架等项目，发生时按附录 A 相关项目编码列项。

2. 本章所列原木构件是指不剥树皮的原木。

3. 原木（带树皮）墙项目也可用于在墙体上铺钉树皮项目。

4. 竹编墙项目也可用于在墙体上铺钉竹板的墙体项目。

5. 树枝、竹编制的花牙子按树枝吊挂楣子和竹吊挂楣子项目编码列项。

6. 草屋面、竹屋面、树皮屋面的木基层按附录 A 木结构的屋面木基层（包括檩子、椽子、屋面板等）项目编码列项。

7. 混凝土斜屋面板、亭屋面板上盖瓦，盖瓦应按附录 A 瓦屋面项目编码列项。

8. 膜结构的亭、廊按附录 A 膜结构屋面项目编码列项。

9. 花架项目中的"梁"包括盖梁和连系梁。

10. 石桌、石凳项目可用于经人工雕凿的石桌、石凳，也可用于选自然石料的石桌、石凳。

11. 喷泉水池按附录 A 相关项目编码列项。

12. 仿石音箱项目可用于人工雕凿的石音箱。

13. 标志牌项目适用于各种材料的指示牌、指路牌、警示牌等。

（三）有关项目特征的说明

1. 木构件的连接方式有：开榫连接、铁件连接、扒钉连接、铁钉连接、粘结等。

2. 竹构件的连接方式有：钻孔竹钉固定、竹篾绑扎、铁丝绑扎等。

3. 原木（带树皮）墙项目的龙骨材料、底层材料，是指铺钉树皮的墙体龙骨材料和铺钉树皮底层材料。如木龙骨钉铺木板墙，在木墙板上再铺钉树皮。

4. 防护材料指防水、防腐、防虫涂料等。

5. 铺草种类指麦草、谷草、山草、丝茅草等。

6. 竹屋面的竹材一般使用毛竹（楠竹）。

7. 花架应描述柱、梁的截面尺寸和高度以及根数。

8. 飞来椅的座凳楣子是指座凳面下面的楣子，类似于固定窗，所以在四川称为地脚窗。

9. 飞来椅靠背形状、尺寸指靠背是直形的还是弯形（鹅颈）的，尺寸指截面尺寸和长度。

10. 塑料座凳包括仿竹、仿树木的塑料椅。

（四）有关工程量计算的说明

1. 树枝、竹制的花牙子以框外围面积或个计算。

2. 穹顶的肋和壁基梁拼入穹顶体积内计算。

3. 喷泉管道工程量从供水主管接头算至喷头接口（不包括喷头长度）。

4. 水下艺术装饰灯具工程量以每个灯泡、灯头、灯座以及与之配套的配件为1套。

5. 砖石砌小摆设工程量以体积计算，如外形比较复杂难以计算体积，也可以个计算。如有雕饰的须弥座，以个计算工程量时，工程量清单中应描述其外形主要尺寸，如长、宽、高尺寸。

（五）有关工程内容的说明

1. 混凝土构件的钢筋、铁件制作安装应按附录A相关项目编码列项。

2. 原木（带树皮）、树枝和竹制构配件需加热煨弯或校直时，加热费用应包括在报价内。

3. 草屋面需捆把的竹片和葜条应包括在报价内。

4. 就位预制亭屋面和穹顶使用土胎模时，应计算挖土、过筛、夯筑、抹灰以及构件出槽后的回填等，也可将土胎模发生的费用列入工程量清单措施项目内。

5. 彩色压型板（夹芯板）亭屋面板、穹顶屋面采用金属骨架的，若工程量清单单独列金属骨架项目的，骨架不应包括在亭屋面或穹顶屋面报价内。

6. 预制混凝土花架、木花架、金属花架的构件安装包括吊装。

7. 飞来椅铁件如由投标人制作时，还应包括铁件制作、运输费用。

8. 飞来椅铁件包括靠背、扶手、座凳面与柱或墙的连接铁件、座凳腿与地面的连接铁件。

（六）举例

某公园步行木桥，桥面长6m、宽1.5m，桥板厚25mm，满铺平口对缝，采用木桩基础；原木梢径ϕ480mm，长5m，共16根，横梁原木梢径ϕ80，长1.8m，共9根，纵梁原木梢径ϕ100，长5.6m，共5根。栏杆、栏杆柱、扶手、扫地杆、斜撑采用枋木80mm×80mm（刨光），栏杆高900mm；全部采用杉木。

1. 经业主根据施工图计算步行木桥工程量为9.00m²。

2. 投标人计算：

(1) 原木桩工程量（查原木材积表）为0.64m³。

1) 人工费：25元/工日×5.12工日＝128元

2) 材料费：原木800元/m³×0.64m³＝512元

3) 合计：640.00元

(2) 原木横、纵梁工程量（查原木材积表）为0.472m³。

1) 人工费：25元/工日×3.42工日＝85.44元

2) 材料费：原木800元/m³×0.472m³＝377.60元

扒钉3.2元/kg×15.5kg＝49.60元

小计：427.20元

3) 合计：512.64元

(3) 桥板工程量3.142m³。

1) 人工费：25元/工日×22.94工日＝573.44元

2) 材料费：板材1200元/m³×3.142m³＝3770.4元

铁钉2.5元/kg×21kg＝52.5元

小计：3822.90元

3) 合计：4396.34元

(4) 栏杆、扶手、扫地杆、斜撑工程量0.24m³。

1) 人工费：25元/工日×3.08工日＝77.12元

2) 材料费：枋材1200/m³×0.24m³＝288.00元

铁件3.2元/kg×6.4kg＝20.48元

小计：308.48元

3) 合计：385.60元

(5) 综合。

1) 直接费用合计：5934.58元

2) 管理费：直接费×25%＝1483.65元

3) 利润：直接费8%＝474.77元

4) 总计：7893.09元。

5) 综合单价：877.01元/m²。

工程名称：某公园 　　　　　　　　　　　　　　　　　　　　　　第　页　共　页

序号	项目编码	项目名称	计量单位	工程数量	金　额（元）	
					综合单价	合　　价
	050201016001	E.3　园林景观工程 木制步桥 　桥面长 6m、宽 1.5m、桥板厚 0.025m 　原木桩基础、梢径 φ480、长 5m、16 根 　原木横梁、梢径 φ80、长 1.8m、9 根 　原木纵梁、梢径 φ100、长 5.6m、5 根 　栏杆、扶手、扫地杆、斜撑枋木 　80mm×80mm（刨光）、栏高 900mm 　全部采用杉木	m²	9	877.01	7893.09
		合　　　计				

分部分项工程量清单综合单价计算表

工程名称：某公园 　　　　　　　　　　　　　　　　　　　　计量单位：m²
项目编码：050201016001 　　　　　　　　　　　　　　　　工程数量：9
项目名称：木制步桥 　　　　　　　　　　　　　　　　　　　综合单价：877.01 元

序号	定额编号	工程内容	单位	数量	其中：　　　　（元）					
					人工费	材料费	机械费	管理费	利润	小计
	估算	原木桩基础	m³	0.071	14.22	56.89	—	17.78	5.69	94.58
	估算	原木梁	m³	0.052	9.49	47.47	—	14.24	4.56	75.76
	估算	桥板	m²	1.000	63.72	424.77	—	122.12	39.08	649.69
	估算	栏杆、扶手、斜撑	m³	0.027	8.57	34.28	—	10.71	3.43	56.99
		合　　　计			96	563.41	—	164.85	52.75	877.02

第五节　环境艺术设计工程有关的其他附录

以下附录 A 建筑工程、附录 C 安装工程、附录 D 市政工程工程量清单项目及计算规则涉及本书附录 B、附录 E 的相关部分。

A.3.2　砖砌体。工程量清单项目设置及工程量计算规则，应按表 A.3.2 的规定执行。

项目编码	项目名称	项目特征	计量单位	工程量计算规则	工程内容
010302001	实心砖墙	1. 砖品种、规格、强度等级 2. 墙体类型 3. 墙体厚度 4. 墙体高度 5. 勾缝要求 6. 砂浆强度等级、配合比	m³	按设计图示尺寸，以体积计算。扣除门窗洞口、过人洞、空圈、嵌入墙内的钢筋混凝土柱、梁、圈梁、挑梁、过梁及凹进墙内的壁龛、管槽、暖气槽、消火栓箱所占体积。不扣除梁头、板头、檩头、垫木、木楞头、沿缘木、木砖、门窗走头、砖墙内加固钢筋、木筋、铁件、钢管及单个面积0.3m²以内的孔洞所占体积。凸出墙面的腰线、挑檐、压顶、窗台线、虎头砖、门窗套的体积不增加。凸出墙面的砖垛并入墙体体积内计算 1. 墙长度：外墙按中心线，内墙按净长计算 2. 墙高度： (1) 外墙：斜(坡)屋面无檐口天棚者算至屋面板底；有屋架且室内外均有天棚者算至屋架下弦底另加200mm，无天棚者算至屋架下弦底另加300mm，出檐宽度超过600mm时按实砌高度计算；平屋面算至钢筋混凝土板底 (2) 内墙：位于屋架下弦者，算至屋架下弦底；无屋架者算至天棚底另加100mm；有钢筋混凝土楼板隔层者算至楼板顶；有框架梁时算至梁底 (3) 女儿墙：从屋面板上表面算至女儿墙顶面(如有混凝土压顶时算至压顶下表面) (4) 内、外山墙：按其平均高度计算 3. 围墙：高度算至压顶上表面(如有混凝土压顶时算至压顶下表面)，围墙柱并入围墙体积内计算	1. 砂浆制作、运输 2. 砌砖 3. 勾缝 4. 砖压顶砌筑 5. 材料运输

项目编码	项目名称	项目特征	计量单位	工程量计算规则	工程内容
010302002	空斗墙	1. 砖品种、规格、强度等级 2. 墙体类型 3. 墙体厚度 4. 勾缝要求 5. 砂浆强度等级、配合比	m³	按设计图示尺寸，以空斗墙外形体积计算。墙角、内外墙交接处、门窗洞口立边、窗台砖、屋檐处的实砌部分体积并入空斗墙体积内	1. 砂浆制作、运输 2. 砌砖 3. 装填充料 4. 勾缝 5. 材料运输
010302003	空花墙	1. 砖品种、规格、强度等级 2. 墙体类型 3. 墙体厚度 4. 勾缝要求 5. 砂浆强度等级		按设计图示尺寸，以空花部分外形体积计算，不扣除空洞部分体积	
010302004	填充墙	1. 砖品种、规格、强度等级 2. 墙体厚度 3. 填充材料种类 4. 勾缝要求 5. 砂浆强度等级		按设计图示尺寸，以填充墙外形体积计算	
010302005	实心砖柱	1. 砖品种、规格、强度等级 2. 柱类型 3. 柱截面 4. 柱高 5. 勾缝要求 6. 砂浆强度等级、配合比		按设计图示尺寸，以体积计算。扣除混凝土及钢筋混凝土梁垫、梁头、板头所占体积	1. 砂浆制作、运输 2. 砌砖 3. 勾缝 4. 材料运输
010302006	零星砌砖	1. 零星砌砖名称、部位 2. 勾缝要求 3. 砂浆强度等级、配合比	m³（m²、m、个）		

A.7.3　墙、地面防水、防潮。工程量清单项目设置及工程量计算规则，应按表 A.7.3 的规定执行。

墙、地面防水、防潮（编码：010703）　　　　　　　表 A.7.3

项目编码	项目名称	项目特征	计量单位	工程量计算规则	工程内容
010703001	卷材防水	1. 卷材、涂膜品种 2. 涂膜厚度、遍数、增强材料种类 3. 防水部位 4. 防水做法 5. 接缝、嵌缝材料种类 6. 防护材料种类	m²	按设计图示尺寸，以面积计算 1. 地面防水：按主墙间净空面积计算，扣除凸出地面的构筑物、设备基础等所占面积，不扣除间壁墙及单个 0.3m² 以内的柱、垛、烟囱和孔洞所占面积 2. 墙基防水：外墙按中心线，内墙按净长乘以宽度计算	1. 基层处理 2. 抹找平层 3. 刷粘结剂 4. 铺防水卷材 5. 铺保护层 6. 接缝、嵌缝
010703002	涂膜防水				1. 基层处理 2. 抹找平层 3. 刷基层处理剂 4. 铺涂膜防水层 5. 铺保护层
010703003	砂浆防水 （潮）	1. 防水（潮）层部位 2. 防水（潮）层厚度、层数 3. 砂浆配合比 4. 外加剂材料种类			1. 基层处理 2. 挂钢丝网片 3. 设置分格缝 4. 砂浆制作、运输、摊铺、养护
010703004	变形缝	1. 变形缝部位 2. 嵌缝材料种类 3. 止水带材料种类 4. 盖板材料 5. 防护材料种类	m	按设计图示尺寸，以长度计算	1. 清缝 2. 填塞防水材料 3. 止水带安装 4. 盖板制作 5. 刷防护材料

A.8.1 防腐面层。工程量清单项目设置及工程量计算规则，应按表 A.8.1 的规定执行。

防 腐 面 层（编码：010801）   表 A.8.1

项目编码	项目名称	项目特征	计量单位	工程量计算规则	工程内容
010801001	防腐混凝土面层	1. 防腐部位 2. 面层厚度 3. 砂浆、混凝土、胶泥种类	m²	按设计图示尺寸，以面积计算 1. 平面防腐：扣除凸出地面的构筑物、设备基础等所占面积 2. 立面防腐：砖垛等凸出部分按展开面积并入墙面积内	1. 基层清理 2. 基层刷稀胶泥 3. 砂浆制作、运输、摊铺、养护 4. 混凝土制作、运输、摊铺、养护
010801002	防腐砂浆面层				
010801003	防腐胶泥面层				1. 基层清理 2. 胶泥调制、摊铺
010801004	玻璃钢防腐面层	1. 防腐部位 2. 玻璃钢种类 3. 贴布层数 4. 面层材料品种			1. 基层清理 2. 刷底漆、刮腻子 3. 胶浆配制、涂刷 4. 粘布、涂刷面层
010801005	聚氯乙烯板面层	1. 防腐部位 2. 面层材料品种 3. 粘结材料种类		按设计图示尺寸，以面积计算 1. 平面防腐：扣除凸出地面的构筑物、设备基础等所占面积 2. 立面防腐：砖垛等凸出部分按展开面积并入墙面积内 3. 踢脚板防腐：扣除门洞所占面积并相应增加门洞侧壁面积	1. 基层清理 2. 配料、涂胶 3. 聚氯乙烯板铺设 4. 铺贴踢脚板
010801006	块料防腐面层	1. 防腐部位 2. 块料品种、规格 3. 粘结材料种类 4. 勾缝材料种类			1. 基层清理 2. 砌块料 3. 胶泥调制、勾缝

A.8.2 其他防腐。工程量清单项目设置及工程量计算规则，应按表 A.8.2 的规定执行。

其 他 防 腐（编码：010802）   表 A.8.2

项目编码	项目名称	项目特征	计量单位	工程量计算规则	工程内容
010802001	隔离层	1. 隔离层部位 2. 隔离层材料品种 3. 隔离层做法 4. 粘贴材料种类	m²	按设计图示尺寸，以面积计算 1. 平面防腐：扣除凸出地面的构筑物、设备基础等所占面积 2. 立面防腐：砖垛等突出部分按展开面积并入墙面积内	1. 基层清理、刷油 2. 沥青 3. 胶泥调制 4. 隔离层铺设
010802002	砌筑沥青浸渍砖	1. 砌筑部位 2. 浸渍砖规格 3. 浸渍砖砌法（平砌、立砌）	m³	按设计图示尺寸，以体积计算	1. 基层清理 2. 胶泥调制 3. 浸渍砖铺砌
010802003	防腐涂料	1. 涂刷部位 2. 基层材料类型 3. 涂料品种、刷涂遍数	m²	按设计图示尺寸，以面积计算 1. 平面防腐：扣除凸出地面的构筑物、设备基础等所占面积 2. 立面防腐：砖垛等凸出部分按展开面积并入墙面积内	1. 基层清理 2. 刷涂料

A.8.3 隔热、保温。工程量清单项目设置及工程量计算规则，应按表 A.8.3 的规定执行。

隔热、保温（编码：010803）　　　　　　　　　　表 A.8.3

项目编码	项目名称	项目特征	计量单位	工程量计算规则	工程内容
010803001	保温隔热屋面			按设计图示尺寸，以面积计算。不扣除柱、垛所占面积	1. 基层清理 2. 铺粘保温层 3. 刷防护材料
010803002	保温隔热天棚				
010803003	保温隔热墙	1. 保温隔热部位 2. 保温隔热方式（内保温、外保温、夹心保温） 3. 踢脚线、勒脚保温做法 4. 保温隔热面层材料品种、规格、性能 5. 保温隔热材料品种、规格 6. 隔气层厚度 7. 粘结材料种类 8. 防护材料种类	m²	按设计图示尺寸，以面积计算。扣除门窗洞口所占面积；门窗洞口侧壁需做保温时，并入保温墙体工程量内	1. 基层清理 2. 底层抹灰 3. 粘贴龙骨 4. 填贴保温材料 5. 粘贴面层 6. 嵌缝 7. 刷防护材料
010803004	保温柱			按设计图示尺寸，以保温层中心线展开长度乘以保温层高度计算	
010803005	隔热楼地面			按设计图示尺寸，以面积计算。不扣除柱、垛所占面积	1. 基层清理 2. 铺设粘贴材料 3. 铺贴保温层 4. 刷防护材料

A.8.4　其他相关问题应按下列规定处理：

1. 保温隔热墙的装饰面层，应按 B.2 中相关项目编码列项。

2. 柱帽保温隔热应并入天棚保温隔热工程量内。

3. 池槽保温隔热，池壁、池底应分别编码列项，池壁应并入墙面保温隔热工程量内，池底应并入地面保温隔热工程量内。

C.1.7　电梯。工程量清单项目设置及工程量计算规则，应按表 C.1.7 的规定执行。

电　梯（编码：030107）　　　　　　　　　　表 C.1.7

项目编码	项目名称	项目特征	计量单位	工程量计算规则	工程内容
030107001	交流电梯	1. 名称 2. 型号 3. 用途 4. 层数 5. 站数 6. 提升高度	部	按设计图示数量计算	1. 本体安装 2. 电梯电气安装
030107002	直流电梯				
030107003	小型杂货电梯				
030107004	观光梯	1. 名称 2. 型号 3. 类别 4. 结构、规格			
030107005	自动扶梯		台		

C.1.8　风机。工程量清单项目设置及工程量计算规则，应按表 C.1.8 的规定执行。

风　机(编码：030108) 表C.1.8

项目编码	项目名称	项目特征	计量单位	工程量计算规则	工程内容
030108001	离心式通风机	1. 名称 2. 型号 3. 质量	台	1. 按设计图示数量计算 2. 直联式风机的质量包括本体及电机、底座的总质量	1. 本体安装 2. 拆装检查 3. 二次灌浆
030108002	离心式引风机				
030108003	轴流通风机				
030108004	回转式鼓风机				
030108005	离心式鼓风机				

C.2.12　配管、配线。工程量清单项目设置及工程量计算规则，应按表C.2.12的规定执行。

配管、配线(编码：030212) 表C.2.12

项目编码	项目名称	项目特征	计量单位	工程量计算规则	工程内容
030212001	电气配管	1. 名称 2. 材质 3. 规格 4. 配置形式及部位	m	按设计图示尺寸，以延长米计算。不扣除管路中间的接线箱(盒)、灯头盒、开关盒所占长度	1. 刨沟槽 2. 钢索架设(拉紧装置安装) 3. 支架制作、安装 4. 电线管路敷设 5. 接线盒(箱)、灯头盒、开关盒、插座盒安装 6. 防腐油漆 7. 接地
030212002	线槽	1. 材质 2. 规格		按设计图示尺寸，以延长米计算	1. 安装 2. 油漆
030212003	电气配线	1. 配线形式 2. 导线型号、材质、规格 3. 敷设部位或线制		按设计图示尺寸，以单线延长米计算	1. 支持体(夹板、绝缘子、槽板等)安装 2. 支架制作、安装 3. 钢索架设(拉紧装置安装) 4. 配线 5. 管内穿线

C.2.13　照明器具安装。工程量清单项目设置及工程量计算规则，应按表C.2.13的规定执行。

项目编码	项目名称	项目特征	计量单位	工程量计算规则	工程内容
030213001	普通吸顶灯及其他灯具	1. 名称、型号 2. 规格			1. 支架制作、安装 2. 组装 3. 油漆
030213002	工厂灯	1. 名称、安装 2. 规格 3. 安装形式及高度			1. 支架制作、安装 2. 安装 3. 油漆
030213003	装饰灯	1. 名称 2. 型号 3. 规格 4. 安装高度			1. 支架制作、安装 2. 安装
030213004	荧光灯	1. 名称 2. 型号 3. 规格 4. 安装形式			安装
030213005	医疗专用灯	1. 名称 2. 型号 3. 规格			
030213006	一般路灯	1. 名称 2. 型号 3. 灯杆材质及高度 4. 灯架形式及臂长 5. 灯杆形式(单、双)	套	按设计图示数量计算	1. 基础制作、安装 2. 立灯杆 3. 杆座安装 4. 灯架安装 5. 引下线支架制作、安装 6. 焊压接线端子 7. 铁构件制作、安装 8. 除锈、刷油 9. 灯杆编号 10. 接地
030213007	广场灯安装	1. 灯杆的材质及高度 2. 灯架的型号 3. 灯头数量 4. 基础形式及规格			1. 基础浇筑(包括土石方) 2. 立灯杆 3. 杆座安装 4. 灯架安装 5. 引下线支架制作、安装 6. 焊压接线端子 7. 铁构件制作、安装 8. 除锈、刷油 9. 灯杆编号 10. 接地
030213008	高杆灯安装	1. 灯杆高度 2. 灯架形式(成套或组装、固定或升降) 3. 灯头数量 4. 基础形式及规格			1. 基础浇筑(包括土石方) 2. 立杆 3. 灯架安装 4. 引下线支架制作、安装 5. 焊压接线端子 6. 铁构件制作、安装 7. 除锈、刷油 8. 灯杆编号 9. 升降机构接线调试 10. 接地
030213009	桥栏杆灯	1. 名称 2. 型号 3. 规格 4. 安装形式			1. 支架、铁构件制作、安装，油漆 2. 灯具安装
030213010	地道涵洞灯				

C.2.14 其他相关问题，应按下列规定处理：

1."电气设备安装工程"适用于10kV以下变配电设备及线路的安装工程。

2.挖土、填土工程，应按附录A相关项目编码列项。

3.电机按其质量划分为大、中、小型。3t以下为小型，3～30t为中型，30t以上为大型。

4.控制开关包括：自动空气开关、刀型开关、铁壳开关、胶盖刀闸开关、组合控制开关、万能转换开关、漏电保护开关等。

5.小电器包括：按钮、照明用开关、插座、电笛、电铃、电风扇、水位电气信号装置、测量表计、继电器、电磁锁、屏上辅助设备、辅助电压互感器、小型安全变压器等。

6.普通吸顶灯及其他灯具包括：圆球吸顶灯、半圆球吸顶灯、方形吸顶灯、软线吊灯、吊链灯、防水吊灯、壁灯等。

7.工厂灯包括：工厂罩灯、防水灯、防尘灯、碘钨灯、投光灯、混光灯、高度标志灯、密闭灯等。

8.装饰灯包括：吊式艺术装饰灯、吸顶式艺术装饰灯、荧光艺术装饰灯、几何型组合艺术装饰灯、标志灯、诱导装饰灯、水下艺术装饰灯、点光源艺术灯、歌舞厅灯具、草坪灯具等。

9.医疗专用灯包括：病房指示灯、病房暗脚灯、紫外线杀菌灯、无影灯等。

C.8.1 给排水、采暖、燃气管道。工程量清单项目设置及工程量计算规则，应按表C.8.1的规定执行。

给排水、采暖管道（编码：030801）　　　　　　　　　　　表 C.8.1

项目编码	项目名称	项目特征	计量单位	工程量计算规则	工程内容
030801001	镀锌钢管	1.安装部位(室内、外) 2.输送介质(给水、排水、热媒体、燃气、雨水) 3.材质 4.型号、规格 5.连接方式 6.套管形式、材质、规格 7.接口材料 8.除锈、刷油、防腐、绝热及保护层设计要求	m	按设计图示管道中心线长度，以延长米计算。不扣除阀门、管件(包括减压器、疏水器、水表、伸缩器等组成安装)及各种井类所占的长度；方形补偿器以其所占长度按管道安装工程量计算	1.管道、管件及弯管的制作、安装 2.管件安装(指铜管管件、不锈钢管管件) 3.套管(包括防水套管)制作、安装 4.管道除锈、刷油、防腐 5.管道绝热及保护层安装、除锈、刷油 6.给水管道消毒、冲洗 7.水压及泄漏试验
030801002	钢管				
030801003	承插铸铁管				
030801004	柔性抗震铸铁管				
030801005	塑料管(UPVC、PVC、PP-C、PP-R、PE管等)				
030801006	橡胶连接管				
030801007	塑料复合管				
030801008	钢骨架塑料复合管				
030801009	不锈钢管				
030801010	铜管				
030801011	承插缸瓦管				
030801012	承插水泥管				
030801013	承插陶土管				

C.8.2 管道支架制作安装。工程量清单项目设置及工程量计算规则，应按表 C.8.2 的规定执行。

管道支架制作安装（编码：030802） 表 C.8.2

项目编码	项目名称	项目特征	计量单位	工程量计算规则	工程内容
030802001	管道支架制作安装	1. 形式 2. 除锈、刷油设计要求	kg	按设计图示质量计算	1. 制作、安装 2. 除锈、刷油

C.8.3 管道附件。工程量清单项目设置及工程量计算规则，应按表 C.8.3 的规定执行。

管 道 附 件（编码：030803） 表 C.8.3

项目编码	项目名称	项目特征	计量单位	工程量计算规则	工程内容
030803001	螺纹阀门	1. 类型 2. 材质 3. 型号、规格	个	设计图示数量计算（包括浮球阀、手动排气阀、液压式水位控制阀、不锈钢阀门、煤气减压阀、液相自动转换阀、过滤阀等）	安装
030803002	螺纹法兰阀门				
030803003	焊接法兰阀门				
030803004	带短管甲、乙的法兰阀				
030803005	自动排气阀				
030803006	安全阀				
030803007	减压器	1. 材质 2. 型号、规格 3. 连接方式	组	按设计图示数量计算	
030803008	疏水器		组		
030803009	法兰		副		
030803010	水表		组		
030803011	燃气表	1. 公用、民用、工业用 2. 型号、规格	块		1. 安装 2. 托架及表底基础制作、安装
030803012	塑料排水管消声器	型号、规格	个	按设计图示数量计算 注：方形伸缩器的两臂，按臂长的 2 倍合并在管道安装长度内计算	安装
030803013	伸缩器	1. 类型 2. 材质 3. 型号、规格 4. 连接方式			
030803014	浮标液面计	型号、规格	组	按设计图示数量计算	
030803015	浮漂水位标尺	1. 用途 2. 型号、规格	套		
030803016	抽水缸	1. 材质 2. 型号、规格	个		
030803017	燃气管道调长器	型号、规格	个		
030803018	调长器与阀门连接				

C.8.4 卫生器具制作安装。工程量清单项目设置及工程量计算规则，应按表C.8.4的规定执行。

卫生器具制作安装（编码：030804） 表 C.8.4

项目编码	项目名称	项目特征	计量单位	工程量计算规则	工程内容
030804001	浴盆	1. 材质 2. 组装方式 3. 型号 4. 开关	组	按设计图示数量计算	器具、附件安装
030804002	净身盆				
030804003	洗脸盆				
030804004	洗手盆				
030804005	洗涤盆（洗菜盆）				
030804006	化验盆				
030804007	淋浴器	1. 材质 2. 组装方式 3. 型号、规格	套		
030804008	淋浴间				
030804009	桑拿浴房				
030804010	按摩浴缸				
030804011	烘手机				
030804012	大便器				
030804013	小便器				
030804014	水箱制作安装	1. 材质 2. 类型 3. 型号、规格			1. 制作 2. 安装 3. 支架制作、安装 4. 除锈、刷油
030804015	排水栓	1. 带存水弯、不带存水弯 2. 材质 3. 型号、规格	组		安装
030804016	水龙头	1. 材质 2. 型号、规格	个		
030804017	地漏				
030804018	地面扫除口				
030804019	小便槽冲洗管制作安装		m		制作、安装
030804020	热水器	1. 电能源 2. 太阳能源	台		1. 安装 2. 管道、管件、附件安装 3. 保温
030804021	开水炉				安装
030804022	容积式热交换器	1. 类型 2. 型号、规格 3. 安装方式			1. 安装 2. 保温 3. 基础砌筑
030804023	蒸汽—水加热器	1. 类型 2. 型号、规格	套		1. 安装 2. 支架制作、安装 3. 支架除锈、刷油
030804024	冷热水混合器				
030804025	电消毒器		台		安装
030804026	消毒锅				
030804027	饮水器		套		

C.8.5 供暖器具。工程量清单项目设置及工程量计算规则，应按表 C.8.5 的规定执行。

供 暖 器 具 (编码：030805)　　　　　　　　　　　表 C.8.5

项目编码	项目名称	项目特征	计量单位	工程量计算规则	工程内容
030805001	铸铁散热器	1. 型号、规格 2. 除锈、刷油设计要求	片	按设计图示数量计算	1. 安装 2. 除锈、刷油
030805002	钢制闭式散热器				安装
030805003	钢制板式散热器		组		
030805004	光排管散热器制作安装	1. 型号、规格 2. 管径 3. 除锈、刷油设计要求	m		1. 制作、安装 2. 除锈、刷油
030805005	钢制壁板式散热器	1. 质量 2. 型号、规格	组		安装
030805006	钢制柱式散热器	1. 片数 2. 型号、规格			
030805007	暖风机	1. 质量 2. 型号、规格	台		
030805008	空气幕				

C.8.6 燃气器具。工程量清单项目设置及工程量计算规则，应按表 C.8.6 的规定执行。

燃 气 器 具 (编码：030806)　　　　　　　　　　　表 C.8.6

项目编码	项目名称	项目特征	计量单位	工程量计算规则	工程内容
030806001	燃气开水炉	型号、规格	台	按设计图示数量计算	安装
030806002	燃气采暖炉				
030806003	沸水器	1. 容积式沸水器、自动沸水器、燃气消毒器 2. 型号、规格			
030806004	燃气快速热水器	型号、规格			
030806005	气灶具	1. 民用、公用 2. 人工煤气灶具、液化石油气灶具、天然气燃气灶具 3. 型号、规格			
030806006	气嘴	1. 单嘴、双嘴 2. 材质 3. 型号、规格 4. 连接方式	个		

C.8.7 采暖工程系统调整。工程量清单项目设置及工程量计算规则，应按表 C.8.7 的规定执行。

采暖工程系统调整(编码：030807) 表 C.8.7

项目编码	项目名称	项目特征	计量单位	工程量计算规则	工程内容
030807001	采暖工程系统调整	系统	系统	按由采暖管道、管件、阀门、法兰、供暖器具组成采暖工程系统计算	系统调整

C.8.8 其他相关问题，应按下列规定处理：

1. 管道界限的划分。

1) 给水管道室内外界限划分：以建筑物外墙皮 1.5m 为界，入口处设阀门者以阀门为界。与市政给水管道的界限应以水表井为界；无水表井的，应以与市政给水管道碰头点为界。

2) 排水管道室内外界限划分：应以出户第一个排水检查井为界。室外排水管道与市政排水界限应以与市政管道碰头井为界。

3) 采暖热源管道室内外界限划分：应以建筑物外墙皮 1.5m 为界，入口处设阀门者应以阀门为界；与工业管道界限的应以锅炉房或泵站外墙皮 1.5m 为界。

4) 燃气管道室内外界限划分：地下引入室内的管道应以室内第一个阀门为界，地上引入室内的管道应以墙外三通为界；室外燃气管道与市政燃气管道应以两者的碰头点为界。

2. 凡涉及管沟及井类的土石方开挖、垫层、基础、砌筑、抹灰、地井盖板预制安装、土石方回填、运输，路面开挖及修复、管道支墩等，应按附录 A、附录 D 相关项目编码列项。

C.9.1 通风及空调设备及部件制作安装。工程量清单项目设置及工程量计算规则，应按表 C.9.1 的规定执行。

通风及空调设备及部件制作安装(编码：030901) 表 C.9.1

项目编码	项目名称	项目特征	计量单位	工程量计算规则	工程内容
030901001	空气加热器（冷却器）	1. 规格 2. 质量 3. 支架材质、规格 4. 除锈、刷油设计要求	台	按设计图示数量计算	1. 安装 2. 设备支架制作、安装 3. 支架除锈、刷油
030901002	通风机	1. 形式 2. 规格 3. 支架材质、规格 4. 除锈、刷油设计要求		按设计图示数量计算	1. 安装 2. 减振台座制作、安装 3. 设备支架制作、安装 4. 软管接口制作、安装 5. 支架台座除锈、刷油
030901003	除尘设备	1. 规格 2. 质量 3. 支架材质、规格 4. 除锈、刷油设计要求			1. 安装 2. 设备支架制作、安装 3. 支架除锈、刷油
030901004	空调器	1. 形式 2. 质量 3. 安装位置		按设计图示数量计算，其中分段组装式空调器按设计图纸所示质量以"kg"为计量单位	1. 安装 2. 软管接口制作、安装
030901005	风机盘管	1. 形式 2. 安装位置 3. 支架材质、规格 4. 除锈、刷油设计要求		按设计图示数量计算	1. 安装 2. 软管接口制作、安装 3. 支架制作、安装及除锈、刷油

项目编码	项目名称	项目特征	计量单位	工程量计算规则	工程内容
030901006	密闭门制作安装	1. 型号 2. 特征(带视孔或不带视孔) 3. 支架材质、规格 4. 除锈、刷油设计要求	个	按设计图示数量计算	1. 制作、安装 2. 除锈、刷油
030901007	挡水板制作安装	1. 材质 2. 除锈、刷油设计要求	m²		
030901008	滤水器、溢水盘制作安装	1. 特征 2. 用途 3. 除锈、刷油设计要求	kg		
030901009	金属壳体制作安装				
030901010	过滤器	1. 型号 2. 过滤功效 3. 除锈、刷油设计要求	台		1. 安装 2. 框架制作、安装 3. 除锈、刷油
030901011	净化工作台	类型			安装
030901012	风淋室	质量			
030901013	洁净室				

C.9.2 通风管道制作安装。工程量清单项目设置及工程量计算规则,应按表C.9.2的规定执行。

通风管道制作安装(编码:030902)　　　　　　　　　　　　　　　**表C.9.2**

项目编码	项目名称	项目特征	计量单位	工程量计算规则	工程内容
030902001	碳钢通风管道制作安装	1. 材质 2. 形状 3. 周长或直径 4. 板材厚度 5. 接口形式 6. 风管附件、支架设计要求 7. 除锈、刷油、防腐、绝热及保护层设计要求	m²	1. 按设计图示以展开面积计算,不扣除检查孔、测定孔、送风口、吸风口等所占面积;风管长度一律以设计图示中心线长度为准(主管与支管以其中心线交点划分),包括弯头、三通、变径管、天圆地方等管件的长度,但不包括部件所占的长度。风管展开面积不包括风管、管口重叠部分面积。直径和周长按图示尺寸为准展开; 2. 渐缩管:圆形风管按平均直径,矩形风管按平均周长	1. 风管、管件、法兰、零件、支吊架制作、安装 2. 弯头导流叶片制作、安装 3. 过跨风管落地支架制作、安装 4. 风管检查孔制作 5. 温度、风量测定孔制作 6. 风管保温及保护层 7. 风管、法兰、法兰加固框、支吊架、保护层除锈、刷油
030902002	净化通风管制作安装				
030902003	不锈钢板风管制作安装	1. 形状 2. 周长或直径 3. 板材厚度 4. 接口形式 5. 支架法兰的材质、规格 6. 除锈、刷油、防腐、绝热及保护层设计要求			1. 风管制作、安装 2. 法兰制作、安装 3. 吊托支架制作、安装 4. 风管保温、保护层 5. 保护层及支架、法兰除锈、刷油
030902004	铝板通风管道制作安装				
030902005	塑料通风管道制作安装				1. 制作、安装 2. 支吊架制作、安装 3. 风管保温、保护层 4. 保护层及支架、法兰除锈、刷油
030902006	玻璃钢通风管道	1. 形状 2. 厚度 3. 周长或直径			
030902007	复合型风管制作安装	1. 材质 2. 形状(圆形、矩形) 3. 周长或直径 4. 支(吊)架材质、规格 5. 除锈、刷油设计要求			1. 制作、安装 2. 托、吊支架制作、安装、除锈、刷油

项目编码	项目名称	项目特征	计量单位	工程量计算规则	工程内容
030902008	柔性软风管安装	1. 材质 2. 规格 3. 保温套管设计要求	m	按设计图示中心线长度计算，包括弯头、三通、变径管、天圆地方等管件的长度，但不包括部件所占的长度	1. 安装 2. 风管接头安装

C.9.3 通风管道部件制作安装。工程量清单项目设置及工程量计算规则，应按表 C.9.3 的规定执行。

通风管道部件制作安装（编码：030903）　　　　　表 C.9.3

项目编码	项目名称	项目特征	计量单位	工程量计算规则	工程内容
030903001	碳钢调节阀制作安装	1. 类型 2. 规格 3. 周长 4. 质量 5. 除锈、刷油设计要求		1. 按设计图示数量计算（包括空气加热器上通阀、空气加热器旁通阀、圆形瓣式启动阀、风管蝶阀、风管止回阀、密闭式斜插板阀、矩形风管三通调节阀、对开多叶调节阀、风管防火阀、各型风罩调节阀制作安装等） 2. 若调节阀为成品时，制作不再计算	1. 安装 2. 制作 3. 除锈、刷油
030903002	柔性软风管阀门	1. 材质 2. 规格		按设计图示数量计算	安装
030903003	铝蝶阀	规格			
030903004	不锈钢蝶阀		个		
030903005	塑料风管阀门制作安装	1. 类型 2. 形状 3. 质量		按设计图示数量计算（包括塑料蝶阀、塑料插板阀、各型风罩塑料调节阀）	
030903006	玻璃钢蝶阀	1. 类型 2. 直径或周长		按设计图示数量计算	
030903007	碳钢风口、散流器制作安装（百叶窗）	1. 类型 2. 规格 3. 形式 4. 质量 5. 除锈、刷油设计要求		1. 按设计图示数量计算（包括百叶风口、矩形送风口、矩形空气分布器、风管插板风口、旋转吹风口、圆形散流器、方形散流器、流线形散流器、送吸风口、活动箅式风口、网式风口、钢百叶窗等） 2. 百叶窗按设计图示以框内面积计算 3. 风管插板风口制作已包括安装内容 4. 若风口、分布器、散流器、百叶窗为成品时，制作不再计算	1. 风口制作、安装 2. 散流器制作、安装 3. 百叶窗安装 4. 除锈、刷油

项目编码	项目名称	项目特征	计量单位	工程量计算规则	工程内容
030903008	不锈钢风口、散流器制作安装（百叶窗）	1. 类型 2. 规格 3. 形式 4. 质量 5. 除锈、刷油设计要求	个	1. 按设计图示数量计算（包括风口、分布器、散流器、百叶窗） 2. 若风口、分布器、散流器、百叶窗为成品时，制作不再计算	制作、安装
030903009	塑料风口、散流器制作安装（百叶窗）				
030903010	玻璃钢风口	1. 类型 2. 规格		按设计图示数量计算（包括玻璃钢百叶风口、玻璃钢矩形送风口）	风口安装
030903011	铝及铝合金风口、散流器制作安装	1. 类型 2. 规格 3. 质量		按设计图示数量计算	1. 制作 2. 安装
030903012	碳钢风帽制作安装	1. 类型 2. 规格 3. 形式 4. 质量 5. 风帽附件设计要求 6. 除锈、刷油设计要求		1. 按设计图示数量计算 2. 若风帽为成品时，制作不再计算	1. 风帽制作、安装 2. 筒形风帽滴水盘制作、安装 3. 风帽筝绳制作、安装 4. 风帽泛水制作、安装 5. 除锈、刷油
030903013	不锈钢风帽制作安装				
030903014	塑料风帽制作安装				
030903015	铝板伞形风帽制作安装			1. 按设计图示数量计算 2. 若伞形风帽为成品时，制作不再计算	1. 板伞形风帽制作安装 2. 风帽筝绳制作、安装 3. 风帽泛水制作、安装
030903016	玻璃钢风帽安装	1. 类型 2. 规格 3. 风帽附件设计要求		按设计图示数量计算（包括圆伞形风帽、锥型风帽、筒形风帽）	1. 玻璃钢风帽安装 2. 筒形风帽滴水盘安装 3. 风帽筝绳安装 4. 风帽泛水安装
030903017	碳钢罩类制作安装	1. 类型 2. 除锈、刷油设计要求	kg	按设计图示数量计算（包括皮带防护罩、电动机防雨罩、侧吸罩、中小型零件焊接台排气罩、整体分组式槽边侧吸罩、吹吸式槽边通风罩、条缝槽边抽风罩、泥心烘炉排气罩、升降式回转排气罩、上下吸式圆形回转罩、升降式排气、罩、手锻炉排气罩）	1. 制作、安装 2. 除锈、刷油

项目编码	项目名称	项目特征	计量单位	工程量计算规则	工程内容
030903018	塑料罩类制作安装	1. 类型 2. 形式	kg	按设计图示数量计算(包括塑料槽边侧吸罩、塑料槽边风罩、塑料条缝槽边抽风罩)	制作、安装
030903019	柔性接口及伸缩节制作安装	1. 材质 2. 规格 3. 法兰接口设计要求	m²	按设计图示数量计算	制作、安装
030903020	消声器制作安装	类型	kg	按设计图示数量计算(包括片式消声器、矿棉管式消声器、聚酯泡沫管式消声器、卡普隆纤维管式消声器、弧形声流式消声器、阻抗复合式消声器、微穿孔板消声器、消声弯头)	制作、安装
030903021	静压箱制作安装	1. 材质 2. 规格 3. 形式 4. 除锈标准、刷油及防腐设计要求	m²	按设计图示数量计算	1. 制作、安装 2. 支架制作、安装 3. 除锈、刷油、防腐

C.9.4 通风工程检测、调试。工程量清单项目设置及工程量计算规则，应按表C.9.4的规定执行。

通风工程检测、调试(编码：030904) 表C.9.4

项目编码	项目名称	项目特征	计量单位	工程量计算规则	工程内容
030904001	通风工程检测、调试	系统	系统	按由通风设备、管道及部件等组成的通风系统计算	1. 管道漏光试验 2. 漏风试验 3. 通风管道风量测定 4. 风压测定 5. 温度测定 6. 各系统风口、阀门调整

C.9.5 通风空调工程适用于通风(空调)设备及部件、通风管道及部件制作安装工程。

C.12.1 通信系统设备。工程量清单项目设置及工程量计算规则，应按表C.12.1的规定执行。

通 信 系 统 设 备(编码:031201)　　　　　表 C.12.1

项目编码	项目名称	项目特征	计量单位	工程量计算规则	工程内容
031201001	微波窄带无线接入系统基站设备	1. 名称 2. 类别 3. 类型 4. 回路数	台(个)	按设计图示数量计算	1. 本体安装 2. 软件安装 3. 调试 4. 系统设置
031201002	微波窄带无线接入系统用户站设备				1. 本体安装 2. 调试
031201003	微波窄带无线接入系统联调及试运行	1. 名称 2. 用户站数量	系统		1. 系统联调 2. 系统试运行
031201004	微波宽带无线接入系统基站设备	1. 名称 2. 类别 3. 类型 4. 回路数	台(个)		1. 本体安装 2. 软件安装 3. 调试 4. 系统设置
031201005	微波宽带无线接入系统用户站设备	1. 名称 2. 类别			1. 本体安装 2. 调试
031201006	微波宽带无线接入系统联调及试运行	1. 名称 2. 用户站数量	系统		1. 系统联调 2. 系统试运行 3. 验证测试
031201007	会议电话设备	1. 名称 2. 类别 3. 类型	台(架、端)		1. 本体安装 2. 检查调测 3. 联网试验
031201008	会议电视设备	1. 名称 2. 类别 3. 类型 4. 回路数	台(对、系统)		1. 本体安装 2. 软硬件调测 3. 功能验证

C.12.2　计算机网络系统设备安装工程。工程量清单项目设置及工程量计算规则，应按表 C.12.2 的规定执行。

计算机网络系统设备安装工程(编码：031202)

表 C.12.2

项目编码	项目名称	项目特征	计量单位	工程量计算规则	工程内容
031202001	终端设备	1. 名称 2. 类型	台	按设计图示数量计算	1. 本体安装 2. 单体测试
031202002	附属设备	1. 名称 2. 功能 3. 规格			
031202003	网络终端设备	1. 名称 2. 功能 3. 服务范围			1. 安装 2. 软件安装 3. 单体调试
031202004	接口卡	1. 名称 2. 类型 3. 传输效率	台(套)		1. 安装 2. 单体调试
031202005	网络集线器	1. 名称 2. 类型 3. 堆叠单元量			
031202006	局域网交换机	1. 名称 2. 功能 3. 层数(交换机)			
031202007	路由器	1. 名称 2. 功能			
031202008	防火墙	1. 名称 2. 类型 3. 功能			
031202009	调制解调器	1. 名称 2. 类型			
031202010	服务器系统软件	1. 名称 2. 功能	套		1. 安装 2. 调试
031202011	网络调试及试运行	1. 名称 2. 信息点数量	系统		1. 系统测试 2. 系统试运行 3. 系统验证测试

D.2.4 人行道及其他。工程量清单项目设置及工程量计算规则，应按表 D.2.4 的规定执行。

人行道及其他(编码：040204)

项目编码	项目名称	项目特征	计量单位	工程量计算规则	工程内容
040204001	人行道块料铺设	1. 材质 2. 尺寸 3. 垫层材料品种、厚度、强度 4. 图形	m²	按设计图示尺寸，以面积计算，不扣除各种井所占面积	1. 整形碾压 2. 垫层、基础铺筑 3. 块料铺设
040204002	现浇混凝土人行道及进口坡	1. 混凝土强度等级、石料最大粒径 2. 厚度 3. 垫层、基础：材料品种、厚度、强度			1. 整形碾压 2. 垫层、基础铺筑 3. 混凝土浇筑 4. 养生

项目编码	项目名称	项目特征	计量单位	工程量计算规则	工程内容
040204003	安砌侧(平、缘)石	1. 材料 2. 尺寸 3. 形状 4. 垫层、基础：材料品种、厚度、强度	m	按设计图示中心线长度计算	1. 垫层、基础铺筑 2. 侧（平、缘）石安砌
040204004	现浇侧(平、缘)石	1. 材料品种 2. 尺寸 3. 形状 4. 混凝土强度等级、石料最大粒径 5. 垫层、基础：材料品种、厚度、强度			1. 垫层铺筑 2. 混凝土浇筑 3. 养生
040204005	检查井升降	1. 材料品种 2. 规格 3. 平均升降高度	座	按设计图示路面标高与原有的检查井发生正负高差的检查井的数量计算	升降检查井
040204006	树池砌筑	1. 材料品种、规格 2. 树池尺寸 3. 树池盖材料品种	个	按设计图示数量计算	1. 树池砌筑 2. 树池盖制作、安装

D.3.4 砌筑。工程量清单项目设置及工程量计算规则，应按表 D.3.4 的规定执行。

砌 筑（编码：040304）   表 D.3.4

项目编码	项目名称	项目特征	计量单位	工程量计算规则	工程内容
040304001	干砌块料	1. 部位 2. 材料品种 3. 规格	m³	按设计图示尺寸以体积计算	1. 砌筑 2. 勾缝
040304002	浆砌块料	1. 部位 2. 材料品种 3. 规格 4. 砂浆强度等级			1. 砌筑 2. 砌体勾缝 3. 砌体抹面 4. 泄水孔制作、安装 5. 滤层铺设 6. 沉降缝
040304003	浆砌拱圈	1. 材料品种 2. 规格 3. 砂浆强度			1. 砌筑 2. 砌体勾缝 3. 砌体抹面
040304004	抛石	1. 要求 2. 品种规格			抛石

D.3.5 挡墙、护坡。工程量清单项目设置及工程量计算规则，应按表 D.3.5 的规定执行。

挡墙、护坡(编码：040305)　　　　　　　　表 D.3.5

项目编码	项目名称	项目特征	计量单位	工程量计算规则	工程内容
040305001	挡墙基础	1. 材料品种 2. 混凝土强度等级、石料最大粒径 3. 形式 4. 垫层厚度、材料品种、强度	m³	按设计图示尺寸，以体积计算	1. 垫层铺筑 2. 混凝土浇筑
040305002	现浇混凝土挡墙墙身	1. 混凝土强度等级、石料最大粒径 2. 泄水孔材料品种、规格 3. 滤水层要求			1. 混凝土浇筑 2. 养生 3. 抹灰 4. 泄水孔制作、安装 5. 滤水层铺筑
040305003	预制混凝土挡墙墙身				1. 混凝土浇筑 2. 养生 3. 构件运输 4. 安装 5. 泄水孔制作、安装 6. 滤水层铺筑
040305004	挡墙混凝土压顶	混凝土强度等级、石料最大粒径			1. 混凝土浇筑 2. 养生
040305005	护坡	1. 材料品种 2. 结构形式 3. 厚度	m²	按设计图示尺寸，以面积计算	1. 修整边坡 2. 砌筑

D.3.8　装饰。工程量清单项目设置及工程量计算规则，应按表 D.3.8 的规定执行。

装　饰(编码：040308)　　　　　　　　表 D.3.8

项目编码	项目名称	项目特征	计量单位	工程量计算规则	工程内容
040308001	水泥砂浆抹面	1. 砂浆配合比 2. 部位 3. 厚度	m²	按设计图示尺寸，以面积计算	砂浆抹面
040308002	水刷石饰面	1. 材料 2. 部位 3. 砂浆配合比 4. 形式、厚度			饰面
040308003	剁斧石饰面	1. 材料 2. 部位 3. 形式 4. 厚度			
040308004	拉毛	1. 材料 2. 砂浆配合比 3. 部位 4. 厚度			砂浆、水泥浆拉毛
040308005	水磨石饰面	1. 规格 2. 砂浆配合比 3. 材料品种 4. 部位			饰面

项目编码	项目名称	项目特征	计量单位	工程量计算规则	工程内容
040308006	镶贴面层	1. 材质 2. 规格 3. 厚度 4. 部位			镶贴面层
040308007	水质涂料	1. 材料品种 2. 部位			涂料涂刷
040308008	油漆	1. 材料品种 2. 部位 3. 工艺要求			1. 除锈 2. 刷油漆

D.3.9 其他。工程量清单项目设置及工程量计算规则，应按表 D.3.9 的规定执行。

其　他（编码：040309）　　　　　　　　　　表 D.3.9

项目编码	项目名称	项目特征	计量单位	工程量计算规则	工程内容
040309001	金属栏杆	1. 材质 2. 规格 3. 油漆品种、工艺要求	t	按设计图示尺寸，以质量计算	1. 制作、运输、安装 2. 除锈、刷油漆
040309002	橡胶支座	1. 材质 2. 规格	个	按设计图示数量计算	支座安装
040309003	钢支座	1. 材质 2. 规格 3. 形式			
040309004	盆式支座	1. 材质 2. 承载力			
040309005	油毛毡支座	1. 材质 2. 规格	m²	按设计图示尺寸，以面积计算	制作、安装
040309006	桥梁伸缩装置	1. 材料品种 2. 规格	m	按设计图示尺寸以延长米计算	1. 制作、安装 2. 嵌缝
040309007	隔音屏障	1. 材料品种 2. 结构形式 3. 油漆品种、工艺要求	m²	按设计图示尺寸，以面积计算	1. 制作、安装 2. 除锈、刷油漆
040309008	桥面泄水管	1. 材料 2. 管径 3. 滤层要求	m	按设计图示以长度计算	1. 进水口、泄水管制作、安装 2. 滤层铺设
040309009	防水层	1. 材料品种 2. 规格 3. 部位 4. 工艺要求	m²	按设计图示尺寸，以面积计算	防水层铺涂
040309010	钢桥维修设备	按设计图要求	套	按设计图示数量计算	1. 制作 2. 运输 3. 安装 4. 除锈、刷油漆

第三章 工程量清单与招投标文件编制

工程量清单计价方法是建设工程招标投标中，招标人按照国家统一的工程量计算规则提供工程量清单，投标人依据工程量清单、拟建工程的施工方案，结合自身实际情况并考虑风险后自主报价的工程造价计价模式。工程量清单是表现拟建工程的分部分项工程项目、措施项目、其他项目名称和相应数量的明细清单。工程量清单计价是市场形成工程造价的主要形式，它有利于发挥企业自主报价的能力。招投标文件的编制包括招标文件的编制和投标文件的编制两部分，其中招标文件的编制是投标文件的编制基础。

第一节 工程量清单编制

工程量清单是拟建工程的分部分项工程项目、措施项目、其他项目名称和相应数量所表达的明细清单。工程量清单由招标人提供，是招标文件的组成部分，应由具有工程量清单编制能力的招标人，或受其委托的具有相应资质的工程造价咨询机构及招标代理机构进行编制。

编制分部分项工程量清单时，项目编码、项目名称、计量单位、计算规则，应统一按《建设工程工程量清单计价规范》规定执行，不得因工程情况不同而变动。规范附录未包括的项目，编制人可做相应补充，并应报省、自治区、直辖市工程造价管理机构备案。编制措施项目和其他项目清单时，可进行适当的补充和调整。

一、分部分项工程量清单编制

分部分项工程量清单的项目设置，原则上是以形成生产或工艺作用的工程实体为主，对附属或次要部分不设置的工程项目，项目必须包括完成实体部分的全部内容。如水泥砂浆楼地面项目，实体部分指楼地面水泥砂浆，完成该项目还包括垫层、找平层、防水层等，垫层、找平层、防水层也是实体，但对于楼地面水泥砂浆而言则属于附属项目。

个别工程项目既不能形成工程实体，又不能综合在某一实物量中，如安装工程的系统调试，它是某些设备安装工程不可或缺的内容，因此系统调试项目应作为工程量清单项目单列。

分部分项工程量清单以序号、项目编码、项目名称、计量单位、工程数量形式表现，清单编制时可按规范各附录的相关内容及拟建工程的实际确定，分部分项工程量清单中"工程数量"应按各附录的工程量计算规则确定。

在设置项目清单时，应以附录中的项目名称为主体，考虑该项目的规格、型号、材质等特征要求，结合拟建工程的实际情况，在工程量清单中应详细描述出影响工程计价的有关因素。分部分项工程量清单各列的编制要求如下：

（一）项目编码

对每一个分部分项工程量清单项目均给定一个编码，项目编码应采用十二位阿拉伯数字表示，一至九位为统一编码，应按相应附录的规定设置，十至十二位为清单项目名称顺序码，应根据拟建工程的实际由编制人设置，并自001起顺序编制。如果同一规格、同一材质的项目，特征不同时应注意分别编码列项，此时项目编码的前九位相同，后三位则不同。十二位编码共分五层，前三层为两位数，后两层为三位数。

（二）项目名称

项目名称应严格按规定设置，不得随意改变。在描述清单项目名称时，可根据实际情况进一步阐述，如建筑工程项目编码010302004为"填充墙"，清单的项目名称可表示为"空心砖填充墙"、"加气块填充墙"等。

（三）项目特征

分部分项工程量清单的项目特征是清单项目设置的基础和依据，作为项目名称的补充，在设置清单项目时，应对项目的特征做全面的描述，通过对项目特征的描述，使清单项目名称清晰、具体、详细。即使是同一规格、同一材质，如果施工工艺或施工位置不同时，原则上也应分别设置。做到特征不同，列项也不同。只有描述清单项目清晰、准确，才能使投标人全面、准确地理解招标人的工程内容和要求，做到正确报价。

以安装工程为例，其项目特征主要表现在以下几个方面：

1. 项目的自身特征。属于这些特征的主要是项目的材质、型号、规格，甚至品牌等，这些特征对工程计价影响较大，若不加以区分，会造成计价混乱。

2. 项目的工艺特征。对于项目的安装工艺，在工程量清单编制时有必要进行详细说明。例如，DN≤100mm的镀锌钢管采用螺纹连接，DN＞100mm的管道连接可采用法兰连接或卡套式专用管件连接，在清单项目名称中，必须描述其连接方法。

3. 项目的施工方法特征。有些特征直接涉及施工方法，从而影响工程计价。例如石材的挂贴与干挂，部位的室内与室外等。

4. 在项目特征一栏中，很多以"名称"作为特征。此处的名称系指形成实体的名称，而项目名称不一定是实体的本名，而是同类实体的统称，在设置具体清单项目时，要用该实体的本名称。如编码030204031，其项目名称为"小电器"安装，小电器是这个项目的统称，它包括：按钮、照明开关、插座、电笛、电铃、电风扇、水位电气信号装置、测量仪、继电器、电磁锁、小型安全变压器等。在设置清单项目时，就要按具体的名称设置，并表述其特征（如型号、规格等）且各自分别编码。项目名称与项目特征中的名称不矛盾，特征中的名称是对项目名称的具体表述，是不可缺少的。

（四）工程内容

由于清单项目原则上是按实体设置的，而实体是由多个项目综合而成的，所以清单项目的表现形式，是由主体项目和辅助项目中的工程内容构成。有关规定对各清单项目可能发生的辅助项目均做了提示，列在"工程内容"一栏内，作为项目名称的补充，供清单编制人根据拟建工程实际情况有选择地对项目名称进行描述。

如果实际完成的工程项目与附录工程内容不同时，可以进行增减，不能以附录中没有该工程内容为理由不予描述，也不能把附录中未发生的工程内容在项目名称中全部描述。

（五）计量单位

计量单位均为基本计量单位，如 m、kg、m^2 等，不能使用扩大单位如 10m、100kg 等，清单编制时应按相关附录规定的计量单位和保留位数计量。各专业有特殊计量单位的，需另行加以说明。

1. 计算质量——吨或千克(t 或 kg)；t 保留小数点后三位数字，第四位四舍五入，kg 保留小数点后两位数字，第三位四舍五入。

2. 计算体积——立方米(m^3)；保留小数点后两位数字，第三位四舍五入。

3. 计算面积——平方米(m^2)；保留小数点后两位数字，第三位四舍五入。

4. 计算长度——米(m)；保留小数点后两位数字，第三位四舍五入。

5. 其他——个、套、块、樘、组、台……，取整数。

6. 没有具体数量的项目——系统、项……，取整数。

二、措施项目清单编制

措施项目清单是以序号、项目、名称表格形式表现的。

措施项目是为完成工程项目施工，发生于该工程施工前和施工过程中技术、生活、安全等方面的非工程实体项目。措施项目清单根据拟建工程的具体情况列项。在编制时应考虑多种因素，除工程本身的因素以外，还涉及到水文、气象、环保、安全等方面和施工企业的实际情况，规定提供的措施项目仅作为列项的参考，对于表中未列的措施项目，清单编制人应做补充。

措施项目清单以"项"为计量单位，相应数量为"1"，技术措施费清单编制的单位，按消耗量定额的要求。

措施项目分通用项目与分类项目，通用项目有安全文明施工(环境保护、文明施工、安全施工、临时设施)、夜间施工、二次搬运、冬、雨季施工、大型机械设备进出场及安拆、地上、地下设施与建筑物的临时保护措施、已完工程及设备保护、施工排水、施工降水等9个项目。分类项目如装饰装修工程有脚手架、垂直运输机械和室内空气污染测试等。

三、其他项目清单编制

（一）其他项目清单是以招标人部分与投标人部分表格形式表现的。内容有暂列金额、暂估价、总承包服务费和计日工项目费。

（二）其他项目清单应根据拟建工程的具体情况，参照下列内容列项：

1. 招标人部分：暂列金额，暂估价。

（1）暂列金额指的是招标人为可能发生的工程量及有关项目费用变更而预留的金额，包含索赔及现场签证等费用；

（2）暂估价指的是招标人自行购置材料所需的费用及专业工程的费用发生但暂不能确定的金额。

2. 投标人部分：总承包服务费，计日工项目费。

（1）总承包服务费指的是为配合协调招标人进行的工程分包和材料采购以及施工现场管理、竣工资料汇总等服务所需的费用；

（2）计日工项目费指的是完成招标人提出的，工程量暂估的零星工作所需的费用。计日工项目表由招标人根据拟建工程的具体情况，详细列出人工、材料、机械的名称、计量单位和相应数量，随工程量清单发至投标人。

（三）项目建设标准的高低、工程的复杂程度、工期长短等直接影响其他项目清单的具体内容。其他项目清单内的暂列金额、暂估价、计日工项目费，由招标人根据拟建工程实际情况提出估算或预测数量。

（四）编制其他项目清单，要注意工程中出现而招标文件又未列的项目，在清单编制时应注意补充。

（五）索赔与现场签证

索赔是在合同履行过程中，对非己方的过错而应由对方承担责任的情况而造成的损失，向对方提出补偿的要求。

现场签证是发包人现场代表与承包人现场代表就施工过程中涉及的责任事件所作的签认证明。

由于是合同后发生，同属招投标人双方，在清单阶段不列，但费用在暂列金额中调整。

四、清单编制时应注意的问题

（一）工程量清单组成，不要漏编。

（二）分部分项工程量清单编制时应把握：

1. 分部分项工程量清单项目设置原则。

2. 四统一，即项目编码、项目名称、计量单位和工程量计算规则要统一。

3. 项目编码：12 位，前九位按国标执行，后三位由编制人设定。

4. 项目名称：

（1）应结合附录中的项目名称、项目特征、工程内容进行列项；

（2）实际与附录中的项目特征、工程内容不一致时可以进行增减；

（3）清单项目名称描述要准确、规范，不能漏项，也不要重复；

（4）完全相同的项目应相加后列成一项，用同一编码，即一个项目只能有一个编码；

（5）个别项目既不能形成实体，又不能综合在某一实物量中时，应单独列项，如系统等。

5. 计量单位：注意计量单位为非扩大单位。

6. 工程量计算规则：按实体净量计取。

（三）措施项目清单编制：

计量单位为项，数量为 1。

（四）其他项目清单编制：

1. 分清招标人部分和投标人部分。

2. 暂估价中的材料购置费要在招标文件中列出明细。

（五）工程量清单和工程类别确认报告单应作为招标文件的组成部分。

（六）清单附表设置，分部分项工程量表要附主要材料表，其他项目表要附材料设备购置费表及计日工项目费表。

第二节　招标文件编制

一、工程量清单招标与传统招标区别

1. 工程类别报告。

工程类别由招标人自行确认，实行报告制度。市工程造价管理部门自接到工程类别确认文件 3 个工作日内，加盖工程类别确认报告收讫后，返给招标人作为招标文件的组成内容。未报告工程类别的工程项目不得发布招标文件。

2. 招标文件的内容不同。

（1）工程量清单应作为招标文件的组成部分。

（2）工程量清单表和工程量清单计价的表格都需要随招标文件下发。

（3）招标文件中项目描述、工程量计算规则更加严密，如自补的清单项目必须要描述清晰，包括工作内容、项目特征、计算规则等。

3. 招标不同环节中参与的人员不同，造价人员应从招标文件形成阶段即介入。

（1）工程量清单由具有工程量清单编制能力的招标人，或受其委托的具有相应资质的工程造价咨询人及具有工程量清单编制能力的招标代理机构进行编制。

工程造价咨询人，是为取得工程造价咨询资质等级证书，接受委托从事建设工程造价咨询活动的企业。

（2）工程量清单的编制人员应具有造价工程师的注册证书。

（3）工程量清单的封面应由注册造价工程师签字盖章。

二、采用清单招标文件编制的注意事项

1. 工程类别确认报告单应作为招标文件的组成部分。

2. 综合单价的分析表，项目招标人可以要求投标人填报主要项目的综合单价分析表，并提出数量要求。

3. 应在招标文件中明确投标报价是优惠或让利后的综合单价。投标报价、分部分项工程量清单计价表、综合单价分析表、主要材料价格表等各种报表之间应保持一致。

4. 招标文件中应明确规费的计取比例，规费应按省市的有关规定执行，包括工程排污费、社会保障费、住房公积金、危险意外伤害保险。

5. 清单封面须由造价工程师签字盖章。

6. 模板、脚手架等措施项目清单在招标书中应明确要求投标人做详细报价，便于工程结算。

7. 其他项目清单可按工程不预留或不分包的就不列项，招标人不得在招标文件中指定总承包服务费。

8. 按工程量清单计价的招投标工程，招标人不得在招标文件中指定投标人报价的消耗量标准和取费标准。

三、招标文件工程量清单封面格式

＿＿＿＿＿＿＿＿＿＿工程

工程量清单

招标人：　＿＿＿＿＿＿＿　　　　　工程造价咨询人：＿＿＿＿＿＿＿
　　　（单位盖章）　　　　　　　　　　　　（单位资质专用章）

法人代表人　　　　　　　　　　　法人代表人
或其授权人：＿＿＿＿＿＿＿　　　或其授权人：　＿＿＿＿＿＿＿
　　（签字或盖章）　　　　　　　　　　（签字或盖章）

编制人：　＿＿＿＿＿＿＿　　　　复核人：　　＿＿＿＿＿＿＿
　（造价人员签字盖专用章）　　　　　（造价工程师签字盖专用章）

编制时间：　年　月　日　　　　复核时间：　年　月　日

四、招标文件主页内容及格式

用于工程量清单的格式必须采用计价规范规定的统一格式，完成的招标文件清单内容主页包括以下内容：

（1）封面。

（2）总说明。

（3）汇总表。

（4）清单表。

① 分部分项工程量清单表。

② 措施项目清单表。

③ 其他项目清单表。

④ 计日工项目表。

⑤ 主要材料价格表。

工程量清单内容应由招标人编制。投标须知除规范内容外，招标人可根据具体情况进行补充。总说明的内容应按下列要求填写。

（1）工程概况：建设地址、建设规模、工程特征、计划工期、施工现场实际情况、交通运输情况、自然地理条件、环境保护要求等。

（2）工程招标的发包和分包范围。

（3）工程量清单编制依据，如采用的图纸、标准及标准图集等。

（4）工程质量、材料、施工等的特殊要求。

（5）招标人自行采购材料的名称、规格型号、数量等。

（6）暂列金额、甲方自行采购材料的暂估价金额数量。

（7）其他需说明的问题。

工程量清单计价的组成，应按招标文件规定，包括完成工程量清单所列全部费用的项目，具体包括分部分项工程清单费用、措施项目清单费用、其他项目清单费用和规费、税金清单等。工程量清单计价采用综合单价计价，综合单价应包括完成每一规定计量单位合格产品所需的全部费用。考虑到我国国情，综合单价包括除规费、税金以外的全部费用。综合单价不但适用于分部分项工程量清单，也适用于措施项目清单、其他项目清单等。为了便于学习清单的内容及格式标准，结合案例介绍如下：

（一）案例背景

某商场因调整商品布局，拟对其中某一楼层进行装修改造。

（1）需要改造的工程项目包括：

① 将顶棚改为规格 1200mm×600mm、厚度 15mm 的长向矿棉板顶棚；

② 原水磨石地面剔凿后，其上直接铺进口卷材塑胶地板；

③ 在原石膏板隔墙上做大白乳胶漆见新；

④ 隔断采用无框玻璃隔断，门采用无框玻璃门，门上安装不锈钢大拉手，采用地弹簧和门夹、锁夹，门上粘贴商场统一编号；

⑤ 每个店铺入口边安装低柜 1 组（每组长 2m）；

⑥ 本次装修包括滚梯两侧乳胶漆见新，高度为 9.6m。

（2）甲方对施工提出如下要求：

① 因商场正在营业，施工时间必须限定在晚 23：00 至次日 7：00；

② 因施工楼层在第七层，商场不能提供货运电梯，所有物料的运输由施工单位自行解决；

③ 因运输通道经过首层电梯厅，须对沿途进行成品保护；

④ 现场分别安装水表、电表，竣工时根据双方核查数字从工程结算款中扣除工程水电费；

⑤ 因大厦委托物业公司进行管理，中标单位须交纳工程款 2 万元的物业管理费；

⑥ 因所施工区域的大厦正在营业，所以甲方要求乙方施工单位要上第三者责任险；

⑦ 甲方要求施工单位在指定地点搭设临时监理办公用房（经计算需用细木工板 30 张，人工 20 工日，电圆锯 5 个台班）。

（二）案例的招标文件总说明及分部分项工程量清单

本工程甲方委托有资质的招标代理机构进行招标，总说明、分项分部工程量清单如下：

招标文件总说明

工程名称：某商场装修改造工程

1. 工程概况：本工程位于 XXXXX 商场的第七层，因营业用途改变而进行建筑装修改造。改造后将布局分成若干小租户后进行招租。本工程建筑面积 1500m²；

2. 招标范围：装饰装修工程；

3. 施工工期：2006 年 XX 月 XX 日—2006 年 XX 月 XX 日；

4. 清单编制依据：

（1）建设工程工程量清单计价规范 GB 50500—2003；

（2）设计施工图纸；

（3）国家现行有关建筑装饰装修法律、法规和标准规范等。

5. 工程质量要求达到合格标准；

6. 施工中可能发生的设计变更或图纸有误，考虑预留金，但限 6000 元内；

7. 投标人在投标时，应按《建设工程工程量清单计价规范》规定的统一格式，提供"分部分项工程量清单综合单价分析表"；

8. 随清单附有"主要材料价格表"，投标人应按其规定内容填写；

9. 其他规定：工程完工由施工单位负责提供有权威部门认可的空气污染检测合格报告。

（三）案例作业要求

依据《建设工程工程量清单计价规范》（GB 50500—2003）将表中所有画 X 号的不完全的项目编码和项目名称填全，以达到掌握分部分项工程量清单格式内容要求的目的。

根据要求分别编制措施项目清单、其他项目清单、零星工作项目清单和主要材料表、单位工程费清单。

（四）分析

本案例主要考核学生对建筑装饰装修工程不同项目所在《建设工程工程量清单计价规范》（GB 50500—2008）章节的了解，对项目编码的灵活运用，以及工程量清单计价表的编制方法。

1. 分部分项工程量清单中的空格填全见下表。

分部分项工程量清单

工程名称：某商场装修改造工程　　　　　　　　　　　　　　　　　　第 1 页，共 X 页

序号	项目编码	项目名称	计量单位	工程数量
一		店铺区域		
1	020103004001	塑胶地板 基层清理，1：2.5 水泥砂浆找平层，铺贴塑胶地面面层	m²	800
2	020302001001	顶棚吊顶 基层清理，轻钢龙骨安装，15 厚长向矿棉吸声板	m²	800
3	020507001001	墙面喷刷涂料，粉刷石膏罩面，面层乳胶漆	m²	1641.6
4	020209001001	钢化玻璃全玻隔断，骨架及边框制作、运输、安装，隔板制作、运输、安装，嵌缝、塞口、装订压条、刷防护材料、油漆	m²	305.28
5	020601020001	低柜	m	64
6	020607004001	店铺标志（LOGO）	个	32

序号	项目编码	项目名称	计量单位	工程数量
7	020404005001	玻璃平开门(800mm×2200mm)、门(含门夹)制作、运输、安装，小五金安装	项	32
8	020406010001	不锈钢门大拉手(H＝2200mm)、五金安装	副	64
9	020406010002	地弹簧、五金安装	套	64
10	020406010003	地锁、五金安装	套	64
二		走道区域		略
三		滚梯区域		略

2. 编制措施项目清单、其他项目清单、零星工作项目清单、单位工程费汇总表、主要材料表等，见下列各表。

措 施 项 目 清 单

工程名称：某商场装修改造工程　　　　　　　　　　　　　　　　第1页，共X页

序号	项目名称	序号	项目名称
1	通用项目	1.7	施工降水
1.1	安全文明施工	1.8	地上地下设施、建筑物的临时保护设施
1.2	夜间施工	1.9	已完工程及设备保护
1.3	二次搬运	2	装饰装修工程
1.4	冬、雨季施工	2.1	垂直运输机械
1.5	大型机械设备进出场及安拆	2.2	室内空气污染检测
1.6	施工排水	2.3	脚手架

注：编制人可根据工程具体情况列项或修改、补充。

其 他 项 目 清 单

工程名称：某商场装修改造工程　　　　　　　　　　　　　　　　第1页，共X页

序号	项目名称	序号	项目名称
1	招标人部分	2.2	工程水电费
1.1	暂列金额	2.3	工程保险费
1.2	暂估价	2.4	计日工费
	小计	2.5	总承包服务费
2	投标人部分		小计
2.1	物业管理费		

注：编制人可根据工程具体情况列项、修改或补充。

计 日 工 项 目 表

工程名称：某商场装修改造工程

序号	名称	计量单位	数量
1	人工		
1.1	木工	工日	20
	小计		
2	材料		
2.1	细木工板	张	30
	小计		
3	机械		
3.1	电圆锯	台班	5
	小计		
	合计		

注：编制人可根据拟建工程具体情况，详细列出人工、材料、机械的名称、计量单位和相应数量，并随工程量清单发至投标人。

单 位 工 程 费 汇 总 表

工程名称：某商场装修改造工程

序号	项目名称	金额（元）
1	分部分项工程清单计价合计	
2	措施项目清单计价合计	
3	其他项目清单计价合计	
4	规费项目清单计价合计	
5	税金项目清单计价合计	
	合计	

主 要 材 料 表

工程名称：某商场装修改造工程

序号	材料编码	材料名称	规格型号	单位	单价（元）	备注

注：备注中要求写明材料产地。

第三节 投标报价文件编制

投标报价文件的主要内容是工程量清单计价，工程量清单计价按招标文件要求应采取统一的格式。工程量清单计价格式根据招标文件要求可由下列内容组成：

（1）封面；

（2）投标总价；

（3）工程项目总价表；

（4）单项工程费汇总表；

（5）单位工程费汇总表；

（6）分部分项工程量清单计价表；

（7）措施项目清单计价表；

（8）其他项目清单计价表；

（9）计日工项目计价表；

（10）分部分项工程量清单综合单价分析表；

（11）措施项目费分析表；

（12）主要材料价格表。

一、投标报价文件工程量清单报价封面格式

＿＿＿＿＿＿＿＿＿工程

投 标 总 价

招标人： ＿＿＿＿＿＿＿＿＿＿

工程名称： ＿＿＿＿＿＿＿＿＿＿

投标总价（小写）：＿＿＿＿＿＿＿＿＿＿

    （大写）：＿＿＿＿＿＿＿＿＿＿

投标人： ＿＿＿＿＿＿＿＿＿＿

    （单位盖章）

法人代表

或其授权人： ＿＿＿＿＿＿＿＿＿＿

    （签字或盖章）

编制人： ＿＿＿＿＿＿＿＿＿＿

    （造价人员签字盖专用章）

编制时间： ＿＿＿年＿＿月＿＿日

二、投标文件主页内容及格式

工程项目总价表

工程名称： 第 1 页 共 X 页

序号	费用名称	金额(元)
1	分部分项工程	
1.1		
1.2		
2	措施项目	
2.1	安全文明施工	
3	其他项目	
3.1	暂列金额	
3.2	专业工程暂估价	
3.3	计日工	
3.4	总承包服务费	
4	规费	
5	税金	
投标总价合计＝1＋2＋3＋4＋5		

投标文件内容的其他内容格式见投标文件的案例。一般顺序为：单位工程费汇总表、分部分项工程量清单计价表、措施项目清单计价表、其他项目清单计价表、计日工项目计价表、主要材料表。

三、投标报价文件编制的步骤

投标报价应由投标方依据招标文件中提供的施工图纸、规范和工程量清单的有关要求，结合施工现场实际情况及自行制定的施工方案或施工组织设计，按照企业定额、市场价格，也可以参照当地建设行政主管部门发布的现行消耗量定额以及工程造价管理机构发布的市场价格信息，自主报价。投标报价程序一般为：

1. 计算工程量

采用工程量清单计价进行招标的工程，工程量清单业已由招标方提供。投标单位进行工程量计算主要有两部分内容：一是核算工程量清单所提供清单项目工程量是否准确；二是计算每一个清单主体项目所组合的辅助项目工程量，以便分析综合单价。

2. 了解施工组织设计

施工组织设计或施工方案不仅关系到工期，而且对工程成本和报价也有密切关系。在编制施工方案时应牢牢抓住工程特点，施工方法要有针对性，同时又能降低成本。既要采用先进的施工方法，合理安排工期，又要充分有效地利用机械设备和劳动力，尽可能减少临时设施和资金的占用。

3. 材料的市场询价

由于装饰工程材料在工程造价中常常占 60% 以上，对报价影响很大，因而必须对该工作有高度的重视。如果甲方采用可调价合同，甲方承诺在日后材料价格上涨时给予相应的补偿，乙方则可按当时、当地询到的最低价格报价；如果甲方采用不可调价的合同，那么乙方在报价时则应考虑分析近年材料价格的变化趋势，考虑物价上涨因素以备通胀带来的不测，而不能简单地根据眼前的市场材料价格报价。

4. 详细估价及报价

详细估价和报价是投标的核心工作，它不仅是能否中标的关键，而且是中标后能否盈利的决定因素之一。工程量清单计价一般采用综合单价计价，工料单价也可在不汇总为直接工程费用之前转计为综合单价。综合单价由完成工程量清单项目所需的人工费、材料费、机械使用费、管理费、利润等费用组成，综合单价应考虑风险因素。

5. 确定投标策略

投标策略是指投标人召集各专业造价师及本公司最终决策者就上述标书的计算结果和标价的静态、动态分析进行讨论，并做出调整标价的最终决定。在确定投标策略时应该对本公司和竞争对手的情况做实事求是的对比分析，决策者应从全局的高度来考虑公司期望的利润和承担风险的能力。既要考虑能最大限度地中标可能，也要考虑低价投标被综合打分排挤出局的可能。这是一个必须要做的决策，也是一个两难的非常规决策。

6. 编制投标报价文件

投标人应严格按照招标人提供的工程量清单格式编制投标报价，将分部分项工程项目费、措施项目费、其他项目费和规费、税金汇总，计算出工程总造价。投标人未按招标文件要求进行投标报价，将被招标人拒绝。尤其是废标条件，在投标文件编制之初，就要严加注意以避免发生。

四、投标报价文件编制的案例

1. 案例背景(续上例)

给出工程量清单的工料单价表如下所示。

工程量清单及工料单价表

工程名称：某商场装修改造工程　　　　　　　　　　　　　　第 1 页　共 X 页

序号	项目名称	计量单位	工程数量	工料单价(元)
(1)	(2)	(3)	(4)	(5)
一	店铺区域			
1	塑胶地板 基层清理、1:2.5 水泥砂浆找平层，铺贴塑胶地面面层，装订压条，材料运输	m²	800.00	305.74
2	顶棚吊顶 基层清理，轻钢龙骨安装，15 厚长向矿棉吸声板	m²	800.00	123.80
3	墙面喷刷涂料，粉刷石膏罩面层乳胶漆	m²	1641.60	18.62

序号	项目名称	计量单位	工程数量	工料单价(元)
4	钢化玻璃全玻隔断，骨架及边框制作、运输、安装，隔板制作、运输、安装，嵌缝、塞口、装订压条，刷防护材料、油漆	m²	305.28	464.74
5	低柜	m	64.00	1010.94
6	店铺标志(LOGO)	个	32.00	415.65
7	玻璃平开门(800×2200)，门(含门夹)制作、运输、安装，小五金安装	项	32.00	1085.17
8	不锈钢门大拉手(H=2200mm)、五金安装	副	64.00	180.67
9	地弹簧、五金安装	套	64.00	308.85
10	地锁、五金安装	套	64.00	201.13
	分部小计[店铺区域]			
二	走道区域		略	
三	滚梯区域		略	

该工程二次搬运用工100工日，杂工工资为36元/工日(6h/工日)。

该工程脚手架费用为3000元。

夜间加班共计木工450工日，工资为60元/工日(6h/工日)；油工300工日，工资为50元/工日(6h/工日)。

施工单位负责进行深化图纸，替甲方出具图纸审查费，并协助甲方完成合同备案，但为提高竞争力，此三项费用施工单位不向甲方收取。

空气质量检测费为3000元，暂列金额为6000元，工程保险2000元。

细木工板65元/张，机械50元/台班。

各项费用的费率为：管理费9%，利润7%，税金3.413%。

2. 案例作业要求

(1) 依据费率和工料单价，计算工程量清单中各分部分项工程的综合单价，编制分部分项工程量清单计价表。

(2) 要说明综合单价的实际构成。

(3) 计算完成措施项目清单、其他项目清单、零星工作项目清单、主要材料表和单位工程费汇总表。

3. 分析

本案例主要考核学生是否掌握建筑装饰装修工程工程量清单投标报价的编制方法。

(1) 计算工程量清单中各分部分项工程的综合单价。

1) 依据所给费率计算单位工料单价的综合费率，见下表所示。

单位工料单价综合费率计算表

序号	费用名称	金额(元)	费用计算公式	费用	综合费率(%)
1	工料单价合计			1.00	
2	管理费		(1)×9%	0.09	
3	利润		[(1)+(2)]×7%	0.076	
	单位工料单价的综合费用		(1)+(2)+(3)	1.166	(1.166−1)/1×100%=16.6

2) 计算工程量清单中各分部分项工程的综合单价、合价，并汇总得出该装饰装修工程分部分项工程量清单计价合计表，见下表所示。

分部分项工程量清单计价表

工程名称：某商场装修改造工程　　　　　　　　　　　　　　　　第1页，共X页

序号	项目名称	计量单位	工程数量	工料单价(元)	综合单价(元) 综合单价	合价
(1)	(2)	(3)	(4)	(5)	(6)=(5)×1.166	(7)=(4)×(6)
一	店铺区域					
1	塑胶地板，基层清理、1:2.5水泥砂浆找平层，铺贴塑胶地面面层，装订压条，材料运输	m²	800.00	305.74	356.49	285194.27
2	顶棚吊顶 基层清理，轻钢龙骨安装，15厚长向矿棉吸声板	m²	800.00	123.80	144.35	115480.64
3	墙面喷刷涂料，粉刷石膏罩面，面层乳胶漆	m²	1641.60	18.62	21.71	35640.65
4	钢化玻璃全玻隔断，骨架及边框制作、运输、安装，隔板制作、运输、安装，嵌缝、塞口、装订压条、刷防护材料、油漆	m²	305.28	464.74	541.89	165427.21
5	低柜	m	64.00	1010.94	1178.76	75440.39
6	店铺标志(LOGO)	个	32.00	415.65	484.65	15508.73
7	玻璃平开门(800×2200)、门(含门夹)制作、运输、安装，小五金安装	项	32.00	1085.17	1265.31	40489.86
8	不锈钢门大拉手(H=2200mm)、五金安装	副	64.00	180.67	210.66	13482.32
9	地弹簧、五金安装	套	64.00	308.85	360.12	23047.62
10	地锁、五金安装	套	64.00	201.13	234.52	15009.13
	分部小计[店铺区域]					784720.82
二	走道区域		略			
三	滚梯区域		略			

（2）综合单价的实际构成。

综合单价的构成包括材料费、人工费、机械使用费、现场经费、企业管理费、利润、风险费用。

（3）计算完成措施项目清单、其他项目清单、零星工作项目清单和单位工程费汇总表。见下列各表所示。

措施项目清单计价表

工程名称：某商场装修改造工程 　　　　　　　　　　　　　　　　　第1页　共1页

序号	项目名称	金额（元）
1	通用项目	63800.00
1.1	安全文明施工	3000.00
1.2	二次搬运	4800.00
1.3	临时设施(已包括)	0.00
1.4	夜间施工	56000.00
1.5	已完工程及设备保护(已包括)	0.00
2	装饰装修工程	3000.00
2.1	垂直运输机械	0.00
2.2	脚手架	3000.00
2.3	室内空气污染测试费	3000.00
2.4	深化设计费(已包括)	0.00
2.5	设计审图费(已包括)	0.00
2.6	合同备案费(已包括)	0.00
1+2	措施项目费合计	69800.00

二次搬运费：杂工 $100 \times 36 = 3600 \times 8/6 = 4800$ 元。

夜间增加费(每晚施工时间为 8h)：

木工 $450 \times 60 = 27000 \times 8/6 = 36000$ 元，

油工 $300 \times 50 = 15000 \times 8/6 = 20000$ 元，

夜间增加费共计 56000 元。

其他项目清单计价表

工程名称：某商场装修改造工程 　　　　　　　　　　　　　　　　　第1页　共2页

序号	名称	金额（元）
1	招标人部分	
1.1	暂列金额	6000.00
1.2	暂估价(材料购置费)	0.00
	小计	6000.00

序号	名称	金额(元)
2	投标人部分	
2.1	物业管理费	20000.00
2.2	工程水电费(已包括)	0.00
2.3	工程保险费	6000.00
2.4	计日工费	3400.00
	小计	29400.00
	其他项目费合计	35400.00

计日工项目计价表

工程名称：某商场装修改造工程　　　　　　　　　　　　　　第1页　共1页

序号	名称	计量单位	数量	单价(元)	合价(元)
1	人工				
1.1	木工	工日	20.00	60.00	1200.00
	小计				1200.00
2	材料				
2.1	细木工板	张	30.00	65.00	1950.00
	小计				1950.00
3	机械				
3.1	电圆锯	台班	5.00	50.00	250.00
	小计				250.00
1+2+3	合计				3400.00

主要材料表(略)。

单位工程费汇总表

工程名称：某商场装修改造工程　　　　　　　　　　　　　　第1页　共1页

序号	费用名称	费用金额(元)
一	分部分项工程量清单计价合计	784721
二	措施项目清单计价合计	69800
三	其他项目清单计价合计	35400
四	规费	0
五	税金〔(1)+(2)+(3)〕×3.413%	30373
	含税工程造价	920294

注：规费计取按当地政府部门规定。

第四章 工程量清单编制与地方招投标、合同管理

国家有关主管部门于 2003 年 7 月 1 日颁布了《建设工程工程量清单计价规范》（GB 50500—2003）。地方省为贯彻国家《建设工程工程量清单计价规范》，结合本省实际，相继下发了《建设工程工程量清单计价规范省实施细则》，并出台了相应的配套文件。通过省市相关配套政策的了解，可以深入了解地方是如何贯彻国家标准，以及做好一个工程量清单报价还需要掌握的一些具体内容。

第一节 工程量清单计价地方相关配套文件

一、某地方省的相关配套文件

（一）《实施细则》

（二）《消耗量定额》

（三）《参考价目表》

（四）建设工程费用参考标准

（五）全国统一施工机械台班费用参考单价

（六）建设工程工程量清单计价监督管理办法

（七）建设工程招投标评标办法

（八）调整和完善的建设工程造价信息网

（九）开发配套的工程量清单计价软件

《实施细则》文件，分附录 A 建筑工程、附录 B 装饰装修工程、附录 C 安装工程、附录 D 市政工程、附录 E 园林绿化工程。该细则适用于省内建设工程工程量清单计价活动。

《消耗量定额》重新修编了《省建筑工程消耗量定额》、《省装饰装修工程消耗量定额》、《省园林绿化工程消耗量定额》、《省建设工程混凝土、砌筑砂浆等配合比》，作为计价的参考依据。

《参考价目表》系重新修编了省建筑工程、装饰装修工程、安装工程、市政工程、园林绿化工程消耗量定额参考价目表、《全国统一机械台班费用省参考单价》，作为计价的参考依据。

《省建设工程造价信息网》增加了信息容量，作为计价的参考依据。

《省建设工程费用参考标准》，系根据建设部、财政部建标〔2003〕206 号《关于印发〈建筑安装工程费用项目组成〉的通知》文件精神，结合省实际而编制，作为计价的参考依据。

《省建设工程工程量清单计价监督管理办法》，是实行工程量清单计价应遵循的监管办法。

《省建设工程招标投标评标办法》，其中增加了采用工程量清单计价的商务标部分评标办法。

《省工程量清单计价软件》，包括清单编制、清单计价、商务标部分评标软件。

二、某地方的相关配套文件

根据国家地方省实行工程量清单计价要求，地方市相应颁发了《市建设工程工程量清单计价规范实施细则》（试行）的通知，并规定了执行工程量清单的时间。

根据《省建设工程费用参考标准》，工程类别由招标人自行确认，以规定格式向市工程造价管理部门报告。市工程造价管理部门自接到工程类别确认文件3个工作日内，加盖"工程类别确认报告收讫"章后，返给招标人作为招标文件的组成内容。

工程量清单计价的工程造价由分部分项工程费、措施项目费、其他项目费、规费和税金组成。其计价程序如下（见下表）：

工程量清单计价的计价程序表

序号	名称	计算办法
1	分部分项工程费	∑（清单工程量×综合单价）
2	措施项目费	
2.1	技术措施项目费	∑（技术措施工程量×综合单价）
2.2	其他措施项目费	取费基数×参考费率或自主报价
3	其他项目费	
4	合计	1＋2＋3
5	规费	
5.1	社会保障费	人工费与机械费×规定费率
6	不含税工程造价	4＋5
7	税金	6×税率
8	工程造价合计	6＋7

定额计价的工程造价由直接工程费、措施项目费、企业管理费、利润、规费和税金组成。其计价程序如下：

定额计价的计价程序表

序号	名称	计算办法
1	直接工程费	∑（实体工程量×子目基价）
2	措施项目费	
2.1	技术措施项目费	∑（技术措施工程量×子目基价）

序号	名称	计算办法
2.2	其他措施项目费	取费基数×规定费率或合同约定
3	企业管理费	(1+2.1)×规定费率
4	利润	(1+2.1)×规定费率
5	材料价差	
6	小计	1+2+3+4+5
7	规费	
7.1	社会保障费	人工费与机械费×规定费率
8	不含税工程造价	6+7
9	税金	8×税率
10	工程造价合计	8+9

注：技术措施项目费包括模板、脚手架、大型机械设备进出场及安拆、施工排水、降水等(指定额有子目的)。

其他措施项目费指技术措施项目费之外的措施项目费。临时设施费是以直接工程费为取费基数。

全部使用国有资金投资或国有资金投资为主的大中型建设工程，应按《建设工程工程量清单计价规范》和《市建设工程工程量清单计价规范实施细则(试行)》实行工程量清单计价。

使用其他资金投资的建设工程，由发包人根据有关法律法规在招标文件或合同中予以明确，采用工程量清单计价或定额计价，以上两种计价办法不可同时使用。

某市计入工程造价的规费的社会保障费包括养老保险、失业保险、医疗保险、生育保险和工伤保险，费率为 3.2%，危险作业意外伤害保险费率为 0.15%，规费合计为 3.35%，安全文明施工费，装修为 4.4%～7.0%，市政园林为 5.0%～7.2%，以人工费为基数分Ⅰ、Ⅱ、Ⅲ类计取。

税金地方规定了教育附加为 4% 计取，这样，市区企业税率为 3.445%，县镇企业税率为 3.381%，不在市区与县镇的税率为 3.252%。

三、建筑装饰装修计价定额措施费项目

建筑装饰装修措施项目包括脚手架、垂直运输及成品保护等内容。

1. 其中脚手架定额包括了 3.6m 以内简易脚手架的搭设及拆除。

单独承包装饰工程时，3.6m 以上装饰脚手架可按以下规定计算：

设计室内地面至楼板底面(或屋架下弦下皮)高度在 3.6m 以上的天棚装饰工程，可计算满堂脚手架。

计算满堂脚手架后，内墙面装饰工程则一般不再计算脚手架。

满堂脚手架，按室内地面净面积计算，不扣除附墙垛、柱所占的面积，其高度在 3.6～5.2m 之间时，计算基本层。凡超过 5.2m，每增加 1.2m 按增加一层计算，不足 0.6m 的不计。计算式表示如下：

满堂脚手架增加层：（室内净高－5.2m）÷1.2m

其他装饰脚手架，可按定额单项脚手架相应项目计算。

凡由一个施工单位承包土建、装饰全部工程，除天棚装饰工程可按规定计算满堂脚手架外，其他装饰工程一般不再计算脚手架。

2. 垂直运输机械定额是按 20m 以内按卷扬机考虑的，20m 以上按施工电梯考虑。

地下室部分的垂直运输高度由地下室底板垫层底至自然室外地坪计算。

地上部分垂直运输高度由自然室外地坪至檐口滴水的高度，突出主体建筑屋顶的电梯间、水箱间、女儿墙等不计入檐口的高度之内。同一建筑物高度不同时，按不同檐高垂直分割，套用相应的定额子目计算。

檐高 3.6m 以内的单层建筑，不计算垂直运输机械台班。

垂直运输每增 10m 定额子目，如折算后不足 10m 但超过 5m，按增加 10m 计算，5m 以下不计算该子目。

建筑物垂直运输机械台班用量，区分不同檐高按建筑面积以平方米计算。

3. 项目成品保护费包括楼地面、楼梯、台阶、独立柱、内墙面饰面面层。

项目成品保护工程量，按相应项目工程量计算规则以实际保护面积计算。

4. 定额专项技术措施费举例

为了了解关于定额专项技术措施费的内容，特举满堂脚手架部分如下：

满堂脚手架（编码：020801）

工作内容：平土、挖坑、安底座、选料、材料场内外运输、搭拆架子、铺拆脚手板等。

单位：m²

项目编码			001	002
			8-1	8-2
项目			木脚手架	
			基本层	增加层 1.2m
基价（元）			7.8037	2.4255
其中	人工费（元）		3.2355	1.2195
	材料费（元）		4.3249	1.1249
	机械费（元）		0.2433	0.0811
	名称	单位	消耗量	
人工	普工	工日	0.05752	0.02168
	技工	工日	0.01438	0.00542
材料	木脚手杆	m³	0.00076	0.00025
	木脚手板	m³	0.00056	—
	镀锌铁丝 8#	kg	0.5095	0.1698
	铁钉（圆钉）	kg	0.0194	—
	挡脚板	m³	0.00003	—
	垫木	块	0.4841	—
机械	载货汽车 6t	台班	0.0006	0.0002

工作内容：平土、挖坑、安底座、选料、材料场内外运输、搭拆架子、铺拆脚手板等。

单位：m²

项目			8-3	8-4
项目			钢管架	
			基本层	增加层 1.2m
基价(元)			6.5454	1.6566
其中	人工费(元)		3.7062	1.4100
	材料费(元)		2.6364	0.2060
	机械费(元)		0.2028	0.0406
名称		单位	消耗量	
人工	普工	工日	0.06589	0.02506
	技工	工日	0.01647	0.00627
材料	镀锌铁丝 8#	kg	0.2241	—
	钢管护 φ8×3.5	kg	0.1006	0.0335
	木脚手板	m³	0.00056	—
	防锈漆	kg	0.0087	0.0029
	油漆溶剂油	kg	0.0010	0.0003
	对接扣件	个	0.0028	0.0009
	铁钉(圆钉)	kg	0.0194	—
	直角扣件	个	0.0146	0.0049
	挡脚板	m³	0.00005	—
	回转扣件	个	0.0046	0.0015
	底座	个	0.0020	—
机械	载货汽车 6t	台班	0.0005	0.0001

第二节 工程量清单计价与施工合同

《建设工程工程量清单计价规范》规定，合同中综合单价因工程量变更需调整时，除合同另有约定外，应按照下列办法确定：

1. 工程量清单漏项或设计变更引起新的工程量清单项目，其相应综合单价由承包人提出，经发包人确认后作为结算的依据。

2. 由于工程量清单的工程数量有误或设计变更引起工程量增减，属合同约定幅度以内的，应执行原有的综合单价；属合同约定幅度以外的，其增加部分的工程量或减少后所剩余部分的工程量的综合单价由承包人提出，经发包人确认后，作为结算的依据。

由于工程量的变更，且实际发生了除本规范上述两条规定以外的费用损失，承包人可提出索赔要求，与发包人协商确认后，给予补偿。

某地方省工程量清单计价监督管理办法，关于工程量清单综合单价、合同价调整及索赔、现场签证规定如下：

招标人与中标人应当根据中标价签订合同。合同价可采用固定价、可调价等形式，由双方在合同中具体约定。

投标人在工程量清单计价时如发现招标人提供的工程量清单中的项目、工程量与有关施工设计图纸计算的项目、工程量差异较大时，应向招标人提出，招标人应在招标文件要求提交投标文件截止时间至少十五日前进行澄清，但投标人不得擅自调整工程量清单。

招标人提供的分部分项工程量清单中的工程量，不能直接作为竣工结算的计算依据。应当根据施工现场实际计量的工程数量进行竣工结算。

发包人与承包人应在合同中明确约定支付工程进度款和竣工结算的相关内容和要求；明确约定因工程项目、工程量的变更对综合单价及合同价款的调整事项，合同未约定或约定不明确的按以下办法确定：

1. 工程量清单漏项或设计变更引起新的工程量清单项目，其相应综合单价由承包人提出，经发包人确认后作为结算的依据。

2. 由于工程量清单的工程量数量有误或设计变更引起工程量增减，幅度在 10% 以上或金额占合同价 0.01% 以上的，其增加部分的工程量或减少后剩余部分的工程量的综合单价由承包人提出，经发包人确认后作为结算的依据。

3. 由于工程量的变更，且实际发生了除上述规定以外的措施项目费、其他项目费损失，经发承包双方协商确认后，给予补偿。

措施项目费应根据工程进度按比例支付。

工程竣工结算时，其他项目费中的暂列金额、暂估价、计日工项目费，应按承包人实际完成的工作内容结算。

索赔是指发、承包人一方未按合同约定履行合同义务，给对方造成实际损失，受损失方依据合同约定向对方索要的赔偿。

在工程量清单计价活动中，发承包双方应在合同中约定索赔方式、范围及计算方法等。

施工中即时发生的未包括在工程量清单项目以内的用工、机械台班、零星用工、赶工、停工等应予以现场鉴证。现场鉴证必须由发、承包人现场代表或授权的工程师签字认可，经发包方注册造价工程师或造价员审核后生效。

第五章 市场人工费参考价格

第一节 住宅装饰工程量清单报价项目组成及计算方法

住宅装饰工程量清单报价项目组成及计算方法一览表

表A

	项目费用	具体说明	计算公式	备注
A	材料费	指设计图纸所标明的材料包括构配件、零件和半成品的用量等	子目合计	数量计算以施工图为依据(含损耗量)单价计算以当时购入市场价为准
1	机械费	指用于加工材料以及安装设备的工具配置、摊销、使用、维修等费用	A×1%	
2	人工费	指直接从事加工制作及安装工程的工人工资	子目合计	详见表B
3	运输费	指限于市内各区为运输材料所发生的汽车平均运输费	A×1.5%	
4	设计费	指根据住户要求,满足预算及施工需要而设计的施工预算图纸	(A+1+2)×5%	含预算费1%,上门勘测费200元
5	综合取费	指装饰企业为进行现场施工而发生的工作人员工资、办公、管理、不可预见、工程保修等费用以及利润等	(A+1+2+3+4)×8%	
6	税金	指按国家规定应计入的营业税、城市建设维护税及教育附加税等	(A+1+2+3+4+5)×3.413%	
B	工程造价		A+1+2+3+4+5+6	

第二节 市场人工费参考价格

人工收费一览表

表B

编号	名称	单位	单价(元)	备注
一	土建			
1	拆除粉煤灰墙体	m²	4	含60mm厚红砖墙
2	砌体	m²	10	粉煤灰及页岩砌块
3	抹灰	m²	4	

115

编号	名称	单位	单价(元)	备注
4	大理石、瓷砖、水泥、砂子等上楼	件、包/层	0.5	瓷砖2m² 一件
5	石材安装	m²	25	
6	贴瓷砖	m²	20	
7	贴地砖	m²	20	
8	空心玻璃砖安装	m²	60	
9	清渣下楼	袋/层	0.25	
10	土建日常及完活后清扫	项	200	
11	大理石清洁	项	100	
12	卫生间防水	m²	10	
13	卫生间地面回填找平	m²	6	
二	水暖及设备安装			
1	安装暖气管	m	3	
2	安装暖气片	组	100	
3	上下水及通风管道安装	m	3	
4	坐便	个	60	
5	小便斗	个	60	
6	洗衣机	个	40	
7	淋浴喷头	组	50	
8	洗手盆	组	110	
9	挡水玻璃安装	片	40	
10	地漏	个	10	
11	墙面镜子安装	m²	25	
12	毛巾架安装	组	10	
13	纸巾(皂)盒	组	5	
14	排油烟机	个	20	消毒碗柜同
15	菜盆安装	套	50	
三	电器及设备安装			
1	电器走线	m	4	
2	开关及插座	个	5	
3	排气扇	盏	30	
4	筒灯及射灯	盏	10	
5	吊灯	盏	30	

编号	名称	单位	单价(元)	备注
6	吸顶灯	盏	15	
7	壁灯	盏	20	
四	木作			
1	天棚石膏板吊顶	m²	18	
2	沉顶	m²	75	
3	扣板吊顶	m²	12	
4	背景墙制作安装	m²	60	
5	壁柜	m	150	
6	书柜	m	200	
7	酒柜	m	200	
8	隔断	m	220	
9	储藏柜	m	80	不贴装饰面板
10	鞋柜	m	150	
11	电视低柜	m	70	
12	橱柜	m	50	同吊柜、低柜
13	门窗套	m²	25	
14	立体面门	扇	120	平面及玻璃减15元
15	踢脚板	m	3	
16	烤漆地板	m²	15	素木及强化减5元
17	窗帘盒	m²	30	
18	床头柜	个	50	
19	床箱	付	120	
20	床头	付	120	
21	书桌	个	150	
22	饰面板吊顶	m²	20	塑铝板同
23	棚线安装	m	1.5	
24	护墙板	m²	20	有凹凸增加5元
25	木作材料上楼	件、捆/层	0.5	地板1.6m²一件
26	土建日常及完活后清扫	项	200	
五	油漆、大白			
1	油漆	木作1~24项	20%	
2	刮大白	m²	2	施工房间地面四倍
3	涂乳胶漆	m²	1	

117

编号	名称	单位	单价(元)	备注
4	油漆上料	包、件/层	0.5	
5	土建日常及完活后清扫	项	200	
6	贴墙纸(布)	m²	2	

注：本表人工费为截至 2006 年底的市场人工费。

第六章 课程作业及中标工程案例

一、某幼儿园工程工程量清单计价

艺术设计学院课程作业任务书

200×～200×学年第一学期

课程名称：＿＿工程量清单与计价＿＿总学时＿＿48＿＿（其中实验＿8＿学时）

授课对象：＿环境艺术设计＿＿＿＿＿＿专业艺设032＿＿＿＿＿班

作业内容	作业要求
在给定的两维柱网（一维3跨6600mm，另一维2跨6600mm）平面图中，完成小型幼儿园的室内设计布置。应能满足结构、机电等部件的协调与综合，并满足室内疏散要求。 1. 建筑为独立设置，可暂不考虑规划建筑的防火要求。 2. 重点要有平面功能分区，陈设布置，可不必画施工详图。但在作清单时要有分部分项工程内容。 3. 材料、设备价格通过市场调研解决。 4. 措施项目费分析表、分部分项工程量清单综合单价分析表可不做。地方规费可暂不考虑。	1. 按建筑装饰装修清单格式要求提供清单与计价作业书一份。 2. 各文件按顺序装订。 3. 文件纸张规格A4。 4. 图与文字应为电子文件格式。

任课教师：	张长江
联系方式：	13941158520
答疑地点：	建馆117

　　　　　　　　　　 __某幼儿园__　工程

　　　　　　　 工程量清单计价表

投　　标　　人：JW 装饰工程有限公司　　（单位签字盖章）

法 定 代 表 人：王静雯　　　　　　　　　（签字盖章）

造价工程师及证号：　　　　　　　　　　　 （签字盖职业专用章）

编 制 时 间：2006 年 1 月 5 日

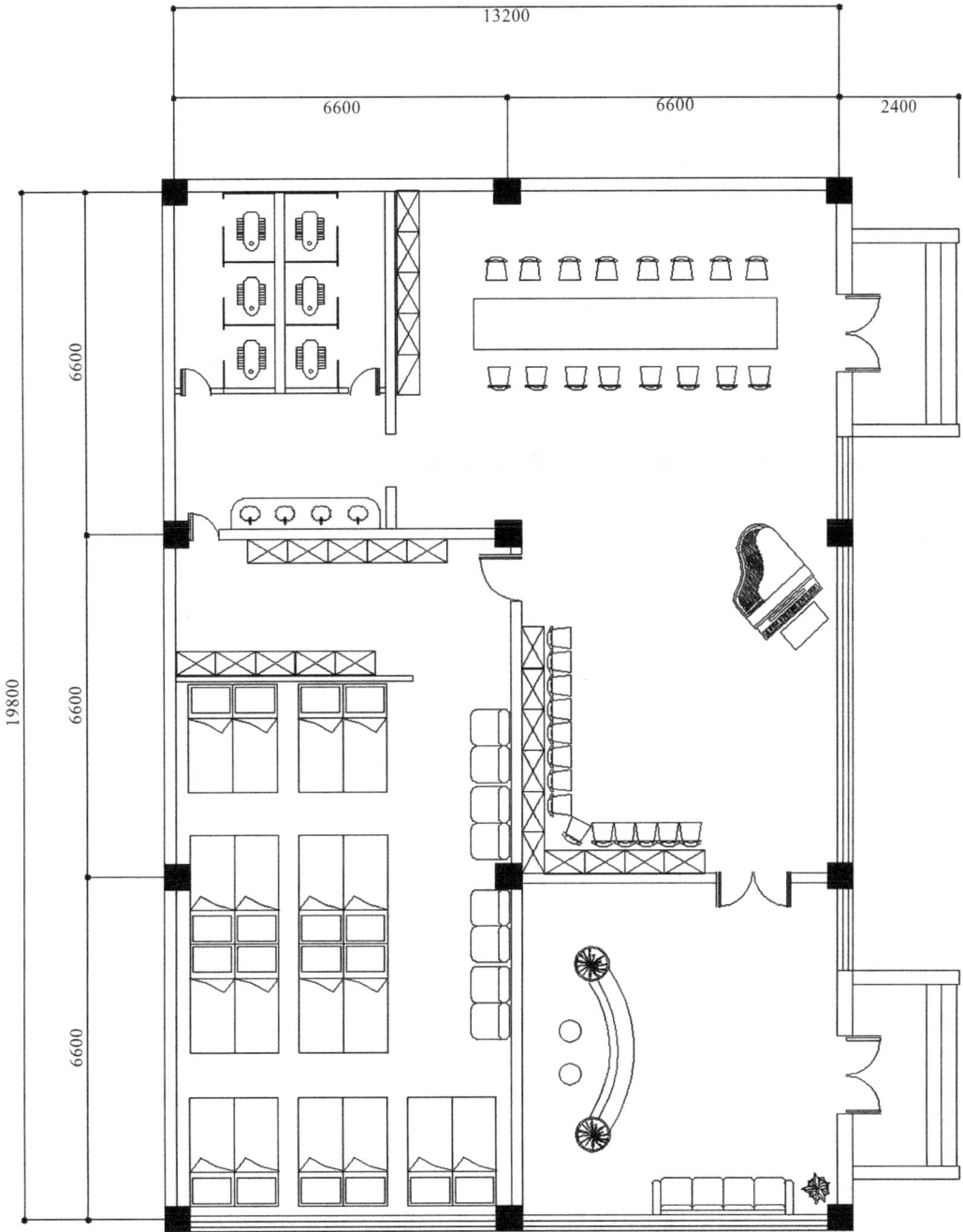

13200

6600 6600 2400

6600

19800 6600

6600

121

投 标 总 价

建 设 单 位：<u>某幼儿园</u>

工 程 名 称：<u>某幼儿园装修工程</u>

投标总价(小写)：<u>439102.21</u> 元

（大写）：<u>肆拾叁万玖仟壹佰零贰元贰角壹分</u>

投 标 人：<u>JW装饰工程有限公司</u> （单位签字盖章）

法 定 代 表 人：<u>王静雯</u> （签字盖章）

编 制 时 间：<u>2006年1月5日</u>

单位工程汇总表

工程名称：幼儿园装修工程

第1页　共1页

序号	项目名称	金额（元）
一	分部工程	165744.05
二	措施项目	34900.0
三	其他项目	36800.0
四	规费	7598.2
五	税金	8363.29
	合计	253405.54

社会保障费规费＝237444.05×3.2％＝7598.2元

税金＝（237444.05＋7598.2）×3.413％＝245042.26×3.413％＝8363.29元

分部分项工程量清单计价表

工程名称：幼儿园装修工程

序号	项目编码	项目名称	计量单位	工程数量	综合单价（元）	合价（元）
		大厅区域				
1	020207002001	墙裙软包装饰	m²	21.00	121.90	2559.90
2	020207003001	软包座椅	m²	4.00	144.9	579.6
3	020601001001	吧台装饰柜	个	1	2659.375	2659.38
4	020207004001	软包接待台	m²	6.5	294.40	1913.6
5	020105006001	木材踢脚线	m²	2.34	13.00	30.42
6	020407001001	木门套，立筋制作安装，基层板安装，面层铺贴	m²	20.00	65.00	1300.00
7	020104002001	复合地板铺装	m²	40.00	80.5	3220.00
8	020302001001	天棚矿棉板吊顶	m²	30.00	70.15	2104.5
9	020302001002	天棚石膏板异形装饰	m²	1.00	920.00	920.00
10	020507001001	天棚刮大白彩色乳胶漆	m²	40.00	26.70	1068.00
11	020507001002	墙面刮大白彩色乳胶漆	m²	35.00	20.70	724.5
12	020207001001	墙柱面图案装饰，材料运输安装，钉基层，面层铺贴，刷油漆	m²	10.00	308.00	3080.00
13	020407001002	木窗套，立筋制作安装，基层板安装，面层铺贴	m²	20.00	65.00	1300.00
14	020408003001	铝合金窗帘盒、刷防护材料、油漆	m	8.80	100.20	881.76
		儿童休息、活动区域				
15	020204002001	复合地板铺装	m²	188.76	80.5	15195.18
16	020205006001	复合踢脚线	m²	7.72	13.3	102.68
17	020302001001	天棚吊顶，基层清理，轻钢龙骨安装，石膏板铺贴	m²	188.76	56.00	10570.56
18	020207002001	墙裙软包造型	m²	15.40	116.6	1795.64
19	020408003001	铝合金窗帘盒，刷防护材料，油漆	m	8.80	100.2	881.76
20	020601021001	床	张	18	848.00	15264.00
	小计					66151.48

序号	项目编码	项目名称	计量单位	工程数量	综合单价（元）	合价（元）
21		床上用品	套	18	375	6750.00
22	020407001002	木窗套，立筋制作安装，基层板安装，面层铺贴、油漆	m²	20.00	65.00	1300.00
23	020407001001	木质门，门制作运输安装，油漆	樘	2	1860.00	3720.00
24	020601006001	书柜、玩具柜制作运输安装，刷防护涂料	组	4	1319.00	5276.00
25	020601003001	衣柜，刷防护材料，油漆	组	16	1319.00	21104.00
26	020601018001	物品柜	组	5	1286.00	6430.00
27	020601014001	台桌	个	1	18300.00	18300
		卫生间				
28	030801005001	卫生间给水管 PPR　DN20	m	32.00	10.70	342.24
29	030801005002	卫生间排水管 PVC　DN100	m	10.94	8.05	88.07
30	030801005003	卫生间主下水管 PVC　DN100	m	12.00	12.65	151.8
31	030801005004	暖气管 PPR　DN132	m	10.00	21.05	210.45
32	030801005005	暖气管 PPR　DN125	m	3.00	10.70	32.09
33	030805006001	明式钢制柱式暖气	组	15	539.10	8086.5
34	030212003001	2.5mm² 电线铺设	m	65.00	9.20	598.00
35	030212001001	PVC 线管铺设	m	65.00	5.75	373.75
36	030213003001	筒灯 12 寸	套	17	52.90	899.30
37	030202006001	开关（双联）	个	2	16.10	32.20
38	030804003001	面盆	个	4	176.00	704.00
39	030804003016	面盆龙头	套	4	118.00	472.00
40	030804003012	蹲便器	套	6	161.00	966.00
41	020102002001	300mm×300mm 防滑砖地面基层，面层铺设，嵌缝，表面清理，材料运输	m²	22.20	134.37	2983.00
42	020204003001	500mm×300mm 墙砖块料墙面，基层清理，砂浆制作运输，面层铺贴，嵌缝	m²	53.00	132.97	7047.41
43	020303001001	灯带运输安装	m²	10.00	308.00	3080.00
	小计					88946.77

序号	项目编码	工程内容	计量单位	工程数量	综合单价（元）	合价（元）
44	020603010001	PVC镜箱镜面玻璃，基层安装，玻璃及框制作	m²	6.00	126.00	756.00
45	020602003001	铝金属板防护暖气罩，暖气罩制作，运输安装	m²	5.00	86.00	430.00
46	020303002001	铝金属风口，固定	个	2	100.00	200.00
47	020205002001	拼碎石材柱面，基层清理，砂浆制作运输，底层抹灰，结合层铺贴	m²	10	168.00	1680.00
48	020601018002	台柜制作运输安装，刷防护材料，油漆	个	3	319.00	957.00
49	020402005001	塑钢门五金玻璃安装	樘	3	800.00	2400.00
50	020209001001	塑料隔断，运输、安装	m²	20.70	204.00	4222.8
	小计					10645.8
	合计					165744.05

主要材料价格表

序号	材料编码	材料名称	规格(mm)	单位	材料单价(元)	备注
		大厅装饰部分				
1		新悦南油画墙面图案砖	200×200	片	33.00	上海
2		丽和玻璃贴	5M	卷	24.80	上海
3		多乐士五合一墙面涂料	15L	桶	308.00	上海
4		长向矿棉板	15厚	m²	28.00	北新龙牌
5		仿樱桃木塑料踢角线		m	6.90	北京
6		墙裙软包装饰布		m²	86.90	北京
7		拉法基家用石膏板	1200×3000	张	35.00	上海
8		地弹簧		个	56.00	德国多玛
9		植物		盆	80.00	大连
10		安全玻璃门制作		m²	400.20	大连
11	XY-3.6m	鑫雅重型静音窗帘单轨	3.6×1	根	144.00	河北
12	46F-DL	大建牌实木门	800×2000	樘	1,860.00	浙江
		儿童休息区域、活动区域				
1		仿樱桃木塑料踢角线		m	6.90	北京

序号	材料编码	材料名称	规格(mm)	单位	材料单价(元)	备注
2		多乐士五合一墙面涂料	15L	桶	308.00	上海
3		爱默森新比丽单人床		张	763.00	青岛
4		安全玻璃门制作		m²	400.20	大连
5		丽和玻璃贴	5M	卷	24.80	上海
6	9113012	北美枫情仿柚木实木复合地板	910×130×12	m²	70.00	上海
7	XY-3.6m	鑫雅XY-3.6m重型静音窗帘单轨	3.6×1	根	144.00	河北
8		赤金提花巾被	1900×1400	条	75.00	山东
9		百德尔索色单人床单	1500×2300	个	39.00	北京
10		世家缎条枕芯	700×500	个	49.00	江苏
11		百德尔儿童荞麦枕	500×250	个	25.00	北京
12	BRD-70250	书柜	700×2500	组	1120.00	天津
13	DW-T	动动佳仿胡桃木铝制暖气罩	900×600	片	76.00	河北
14		大兴衣柜	700×2500	组	1120.00	韩国
15		钢琴		台	9200	
16		饮水机		台	1200	
		卫生间				
1	SE607	斯洛美蹲便器		套	140.00	广东
2	BS21806	绿太阳面盆龙头		套	104.00	上海
3	SD-702	斯洛美台上面盆		个	150.00	天津
4		PPR给水管	DN20	m	8.20	
5	DW-T	动动佳仿胡桃木铝制暖气罩	900×600	片	76.00	河北

措 施 项 目 清 单

序号	项目名称	金额(元)	序号	项目名称	金额(元)
	通用项目	31700	1.8	夜间施工增加费	0
1.1	环境保护费	1000	1.9	赶工增加费	4200
1.2	文明施工增加费	1000	1.10	超高增加费	1200
1.3	安全施工增加费	2000	1.11	财务费	1000
1.4	二次搬运费	4800		装饰装修工程	3200
1.5	工程保险费	8000	2.1	垂直运输机械使用费	0
1.6	已完工程及设备成品保护费	3000	2.2	室内空气污染检测费	3200
1.7	临时设施费	2500	2.3	脚手架使用费	3000

其他项目清单

工程名称：幼儿园装修工程   第1页 共1页

序号	项目名称	金额(元)	序号	项目名称	金额(元)
1	招标人部分		2	投标人部分	
1.1	预留金	6000	2.1	总承包服务费	0.00
1.2	材料购置费	20000	2.2	零星工作项目费	6400
			2.3	工程保险费	1000
			2.4	物业管理费	3400
	小计	26000		小计	10800

零星工作项目表

工程名称：幼儿园装修工程   第1页 共1页

序号	名称	计量单位	数量	单价(元)	合价(元)
1	人工				
1.1	木工	工日		65.0	
1.2	油工	工日		80.0	
1.3	瓦工	工日		80.0	
1.4	电工	工日		60.0	
1.5	力工	工日		100.0	
	小计				
2	材料				
2.1	细木工板	张		65.00	
	小计				
3	机械				
3.1	电圆锯	台班		20.0	
	小计				
1+2+3	合计				

亲子园平面布置图比例1:100

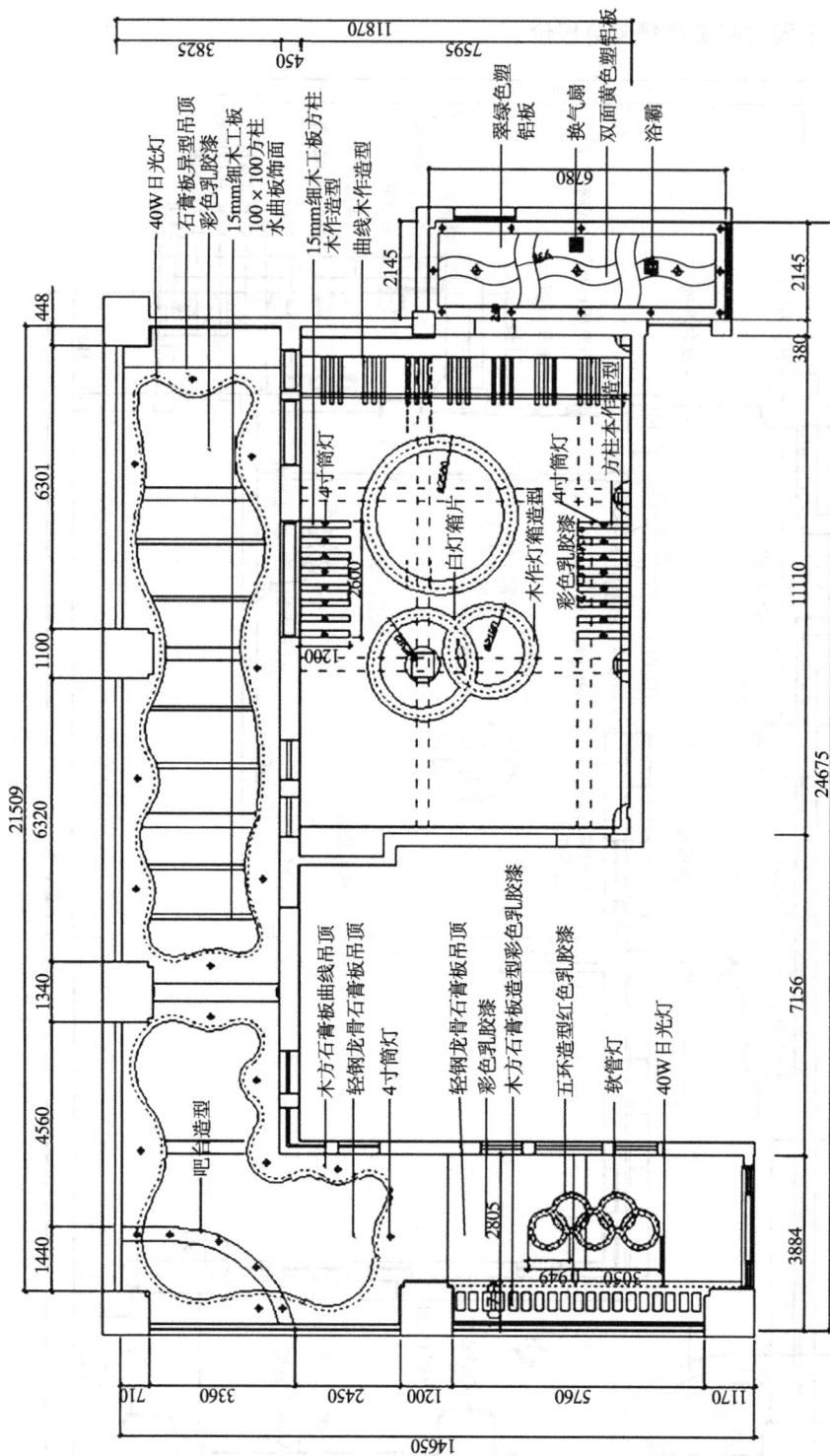

亲子园天棚平面图1:100

130

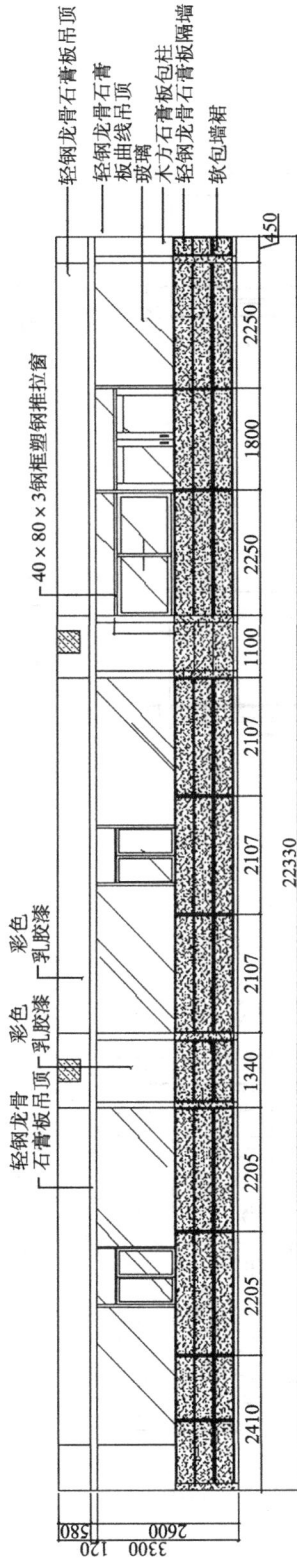

亲子园前厅A立面图1:80

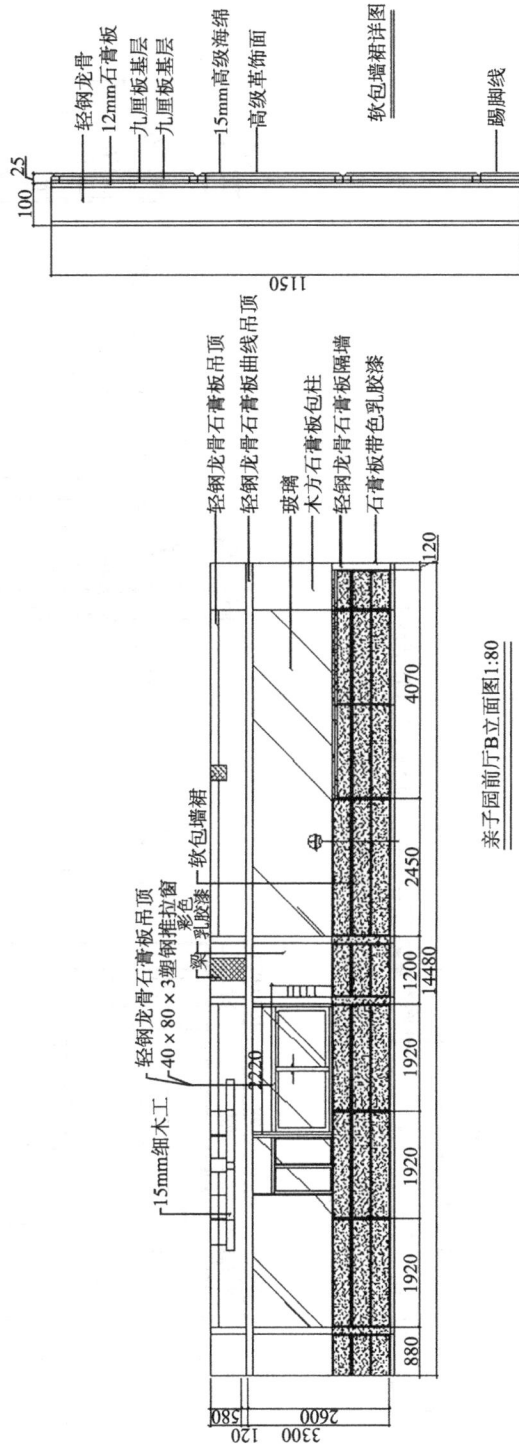

亲子园前厅B立面图1:80

软包墙裙详图

亲子园门头侧立面布置图

细木工板曲线造型喷金装饰漆
30×40木方
细木工板基层
红色防火板
红色防火板

装饰门

亲子园门头侧立面布置图

40W日光灯
30×40木方细木工板基层
1.0厚钛金装饰边
9厘板垫层

红色防火板饰面

大白乳胶漆
细木工板曲线造型喷金装饰漆
彩色写真喷绘灯箱
1.0厚钛金装饰边
红色防火板
15厚细木工板基层红色防火板
3mm厚黄色雅克丽装饰板
3mm厚黄色雅克丽装饰板
两付环形白钢拉手
装饰门

亲子活动中心

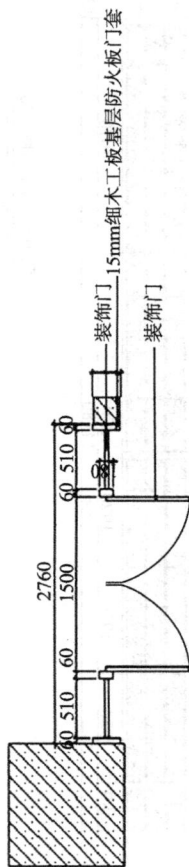

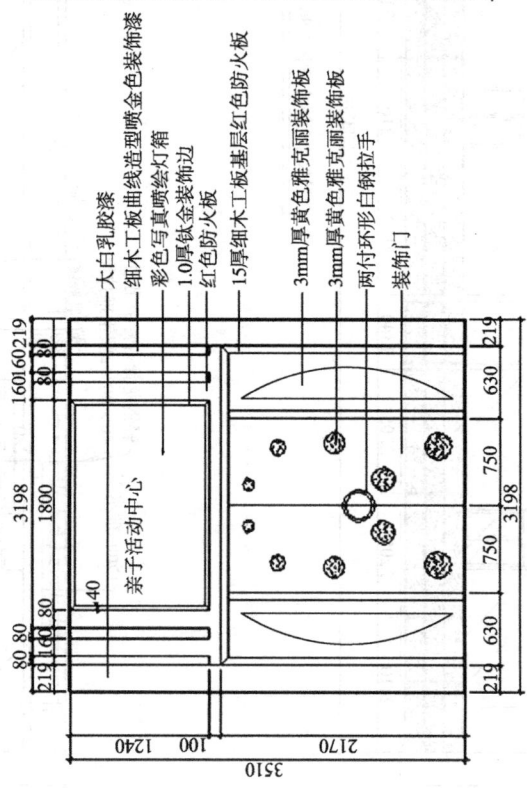

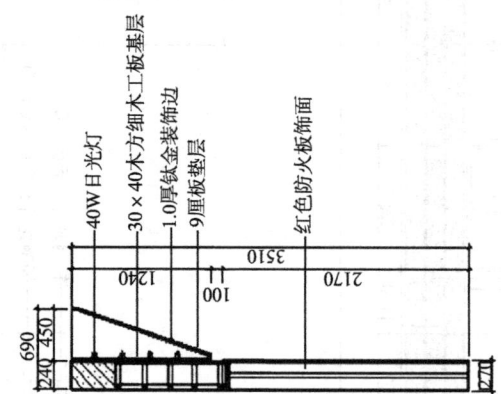

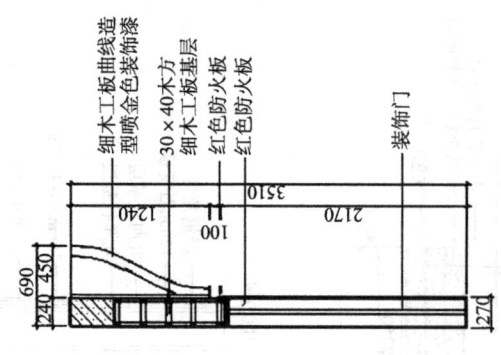

亲子园门头正立面布置图

装饰门 15mm细木工板基层防火板门套

装饰门

单位工程费汇总表

工程名称：某亲子园装修工程

第 1 页 共 1 页

序号	项目名称	费用金额(元)
一	亲子园装修部分	99847.00
其中：	门头及前厅	53728.00
	亲子园卫生间	16878.00
	多功能厅	29241.00
二	其他项目费	92680.00
三	措施费	14200.00
四	规费 3.31％×206727.00	6842.66
五	招标代理费 1.00％×206727.00	2067.27
六	税金 3.413％×215636.93	7359.69
	工程总价	222996.62

某亲子园门头、前厅装修分部分项工程量清单计价表

工程名称：某亲子园门头、前厅装修

第 1 页 共 2 页

序号	项目编码	项目名称	计量单位	工程数量	综合单价(元)	合价(元)
一		门头部分				
1		拆除原玻璃地弹门	m²	5.28	10.00	52.80
2	020207001001	门头造型	m²	2.16	155.25	335.34
3	020404008001	装饰造型玻璃门	樘	1	1932.00	1932.00
二		门厅拆除部分				
4		拆除原玻璃隔断	m²	12	9.20	110.40
5		拆除原天棚吊顶	m²	80	2.30	184.00
三		门厅装饰部分				
6	020207001002	墙裙软包装饰	m²	19.04	121.90	2320.98
7	020207001003	软包座椅	m²	10.32	144.90	1495.37
8	020207001004	软包吧台	m²	11	294.40	3238.40
9	020601002001	吧台装饰柜	m²	1.76	143.75	253.00
10	020601002002	吧台帽造型	m²	4.4	109.25	480.70
11	020601005001	墙面鞋柜、衣柜装饰造型	m²	4.8	322.00	1545.60
12	020302001001	天棚石膏板异型吊顶	m²	127	70.15	8909.05
13	020302001002	天棚异型装饰	项	1	920.00	920.00
14	020507001001	天棚刮大白彩色乳胶漆	m²	127	20.70	2628.90
15	020507001002	墙面刮大白彩色乳胶漆	m²	145.8	20.70	3018.06
16	020209001001	轻钢龙骨石膏板隔墙	m²	35.1	69.00	2421.90
17	020207001005	柱子软包造型	m²	12.6	121.90	1535.94

133

序号	项目编码	项目名称	计量单位	工程数量	综合单价(元)	合价(元)
18	020401003001	折叠拉门制安	樘	4	642.39	2569.56
19	020207001006	圆柱制作	m²	3.2656	121.90	398.08
20	020207001007	立面装饰造型	m²	4.05	138.00	558.90
21		暖气改造	项	1	1380.00	1380.00
22	020104002001	复合地板铺装	m²	127	80.50	10223.50
23	020105005001	踢脚线	m²	7.1	69.00	489.90
24		窗帘	m²	43.2	43.70	1887.84
25	020406007001	玻璃开窗制作	m²	4.5	400.20	1800.90
四		电器照明部分				
26	030212003001	2.5mm电线、管铺设	m	87	9.20	800.40
27	030212001001	金属软管铺设 15♯	m	12	5.75	69.00
28	030213003001	筒灯 2×13	套	26	52.90	1375.40
29	030212001002	开关(双联)	个	5	16.10	80.50
30	030212001003	五孔插座	个	5	28.75	143.75
31	030213004001	日光灯 40W 暖光	套	8	28.75	230.00
32	030213003002	软管灯	m	42	8.05	338.10
		合计				53728.00

某亲子园多功能厅装修分部分项工程量清单计价表

序号	项目编码	项目名称	计量单位	工程数量	综合单价(元)	合价(元)
一		装饰部分				
1	020209001001	轻钢龙骨石膏板间壁墙	m²	33.00	66.00	2178.00
2	020207001002	墙裙软包造型	m²	15.4	116.60	1795.64
3	020601018001	物品柜	m²	3.52	286.00	1006.72
4	020401001001	木作推拉门	m²	9.00	176.00	1584.00
5	020207001006	墙面圆柱造型	m²	9.42	71.50	673.53
6	020207001008	石膏板包柱造形	m²	4.71	71.50	336.77
7	020302001003	天棚木作造型	m²	7.725	161.70	1249.13
8	020302001004	天棚圆形吊顶造型	项	1	1925.00	1925.00
9	020207001003	软包座椅	m²	5.024	149.60	751.59
10	020507001001	天棚刮大白彩色乳胶漆	m²	108.00	14.30	1544.40
11	020507001002	墙面刮大白彩色乳胶漆	m²	111.00	19.80	2197.80
12	020207001009	暖气软包造型	m²	6.32	149.60	946.07
13	020407001001	门套制作	m	5.60	60.50	338.80

134

序号	项目编码	项目名称	计量单位	工程数量	综合单价(元)	合价(元)
14	020404008002	装饰门制作	扇	2	572.00	1144.00
15	020104002001	复合地板铺装	m²	118.00	70.00	8260.00
16	020105006001	复合踢脚线	m²	4.50	66.00	297.00
二		电器照明部分				
17	030212003001	2.5mm电线、管铺设	m	80.00	8.80	704.00
18	030213003001	筒灯 2×13	套	17	50.60	860.20
19	030213004001	日光灯	套	46	27.50	1265.00
20	030212001002	开关	个	3	15.40	46.20
21	030212001003	插座	个	5	27.50	137.50
		合计				29241.00

某亲子园卫生间装修分部分项工程量清单计价表

工程名称：某亲子园卫生间装修　　　　　　　　　　　　　第1页　共2页

序号		名称	单位	工程量	单价(元)	合计(元)
一		卫生间拆除部分				
1		卫生间开门	m²	3.36	12.00	40.32
2		卫生间墙面大白铲除	m²	49.84	3.00	149.52
3		卫生间120墙体拆除	m²	2.20	12.00	26.40
4		开楼板眼	个	12	60.00	720.00
5		花岗石地面拆除	m²	15.00	8.00	120.00
6		暖气拆除	项	1	120.00	120.00
7		零星拆除	项	1	80.00	80.00
二		上下水及暖器管铺设部分				
8	030804003001	柱盆及下水	套	5	80.50	402.50
9	020601018002	柱盆木作造型	个	4.5	172.50	776.25
10	030804016001	白钢混水龙头	套	5	92.00	460.00
11	030804012001	座便	套	5	207.00	1035.00
12	030804013001	立式小便器(普通型)	套	4	57.50	230.00
13	030804017001	白钢防臭地漏	个	2	23.00	46.00
14	030801005001	卫生间给水管 PPR DN20	m	32.00	10.70	342.24
15	030801005002	卫生间排水管 PVC DN50	m	11.00	8.05	88.55
16	030801005003	卫生间主下水管 PVC DN100	m	12.00	12.65	151.80
17	030801005004	卫生间主下水管 PVC DN150	m	10.00	21.85	218.50

序号		名称	单位	工程量	单价(元)	合计(元)
18	030801005005	暖气管 PPR　DN32	m	10.00	21.05	210.45
19	030801005006	暖气管 PPR　DN25	m	3.00	10.70	32.09
20	030805006001	明式暖气	柱	15	39.10	586.50
三		电器部分				
21	030212003001	2.5mm 电线、管铺设	m	35.00	9.20	322.00
22	030212001001	金属软管铺设 15#	m	11.00	5.75	63.25
23	030213003001	筒灯 2×13	套	17	52.90	899.30
24	030212001002	开关(双联)	个	2	16.10	32.20
25	030212001003	五孔插座	个	3	28.75	86.25
26	030901002001	轴流排气扇	个	1	161.00	161.00
四		土建部分				
27	010302001001	红砖砌墙堵门	m²	2.60	63.25	164.45
28	020201001001	卫生间墙面抹灰找平	m²	53.2	9.20	489.44
29	010703002001	卫生间 SBS 防水	m²	13.2	19.55	258.06
30	020201001002	防水保护层抹灰	m²	13.2	9.20	121.44
31	020204003001	墙砖铺装	m²	47.6	55.20	2627.52
32	020102002001	地砖铺装	m²	18.50	51.75	957.38
33	020109001001	大理石收口条	m²	0.25	230.00	57.50
五		卫生间装饰部分				
34	020302001005	铝板贴面异型吊顶	m²	18.50	110.40	2042.40
35	020601018002	装饰柜	m²	2.73	387.55	1058.01
36	020209001002	木作装饰隔墙	m²	1.44	138.00	198.72
37	020401005001	卫生间装饰门制作	扇	1	891.25	891.25
38	020603010001	镜箱及造型	个	4	152.8	611.23
		合计				16878.00

其他项目清单

工程名称：某亲子园装修工程　　　　　　　　　　　　　　　　　第 1 页　共 2 页

序号	项目名称	金额(元)	序号	项目名称	金额(元)
1	招标人部分		2	投标人部分	
1.1	预留金	0.00	2.1	总承包服务费	0.00
1.2	材料购置费	88680.00	2.2	零星工作项目费	0.00
1.2.1	多媒体投影	9600.00	2.3	工程保险费	4000.00
1.2.2	冰箱	3500.00	2.4	物业管理费	0.00
1.2.3	饮水机	1200.00			

序号	项目名称	金额(元)	序号	项目名称	金额(元)
1.2.4	液晶电视	13000.00			
1.2.5	电脑	8780.00			
1.2.6	钢琴	9200.00			
1.2.7	儿童洗浴床	3300.00			
1.2.8	儿童洗浴床25个	13250.00			
1.2.9	幼儿玩具	11250.00			
1.2.10	臭氧消毒灯	1200.00			
1.2.11	沙发	14400.00			
	小计	88680		小计	4000.00

主 要 材 料 表

序号	材料名称	品牌	规格(mm)	单位	单价(元)	产地	供应商
一	装饰材料						
1	复合地板	菲林格尔	295×1210	m²	70.00	上海	崇凌建材
2	墙砖	斯丹克	250×330	m²	21.00	山东	大连金山陶瓷
3	地砖	斯丹克	300×300	m²	27.00	山东	大连金山陶瓷
4	PPR冷水管	金德	Φ20	m	3.95	沈阳	金德专卖
5	PPR热水管	金德	Φ20	m	4.63	沈阳	金德专卖
6	PPR热水管	金德	Φ25	m	7.06	沈阳	金德专卖
7	PPR热水管	金德	Φ32	m	11.32	沈阳	金德专卖
8	PVC下水管	河北	Φ50	m	3.00	河北	昌隆
9	PVC下水管	河北	Φ100	m	6.00	河北	昌隆
10	PVC下水管	河北	Φ150	m	14.00	河北	昌隆
11	铝合金暖气	威夏	565芯距	柱	33	营口	威夏专卖
12	防火板	英氏	2440×1220	张	45	山东	志达建材
13	塑铝板双面	吉祥歌	2440×1220	张	60	山东	志达建材
14	石膏板	泰山	1220×3000	张	21	山东	志达建材
15	"爱普"门板	枫叶	定尺	m²	180.00	大连	枫叶橱柜

序号	材料名称	品牌	规格(mm)	单位	单价(元)	产地	供应商
16	三聚氰胺板	露水河	1220×2440	张	65	大连	露水河
17	蹲便脚踏冲洗阀	洁丽沙	3-4岁儿童用	套	80	广东	广东洁具
18	小便器	韩美	儿童用	套	35	广东	韩美专卖店
19	座便	韩美	儿童用	套	140	广东	韩美专卖店
20	座便	洁丽沙	成人用	套	260	广东	广东洁具
21	台上盆	洁丽沙	小号	套	35	广东	广东洁具
22	混水龙头	舒福		套	60	上海	舒福专卖
23	乳胶漆	立邦时时丽	1×18L	桶	125	河北	立邦专卖店
24	彩色乳胶漆	立邦时时丽	1×18L	桶	235	河北	立邦专卖店
二	电气材料						
25	BV电线2.5mm²	津城	BV2.5×100m	捆	96	天津	昌隆商行
26	换气扇	贝莱尔		个	120	广东	隆胜电器
27	三防日光灯	华强	1×40W	套	45	广东	华强灯饰行
28	防雾筒灯	达美	2×13W	个	43	广东	达美灯饰行
29	双联开关	龙胜	WIF2KD	套	11	浙江	海贝电器
30	五孔插座	龙胜	W1FH2US/P	套	19.35	浙江	海贝电器

措施项目清单

序号	项目名称	金额(元)	序号	项目名称	金额(元)
	通用项目	10800.00	1.8	临时设施费(已包括)	
1.1	环境保护费(已包括)		1.9	夜间施工增加费	0.00
1.2	文明施工增加费(已包括)		1.10	赶工增加费	0.00
1.3	安全施工增加费(已包括)		1.11	超高增加费	0.00
1.4	二次搬运费	3800	1.12	财务费(已包括)	0.00
1.5	脚手架使用费	3000		装饰装修工程	3400
1.6	工程保险费	4000	2.1	垂直运输机械使用费	0.00
1.7	已完工程及设备成品保护费(已包括)	0.00	2.2	室内空气污染检测费	3400

三、某住区广场绿化景观工程工程量清单计价

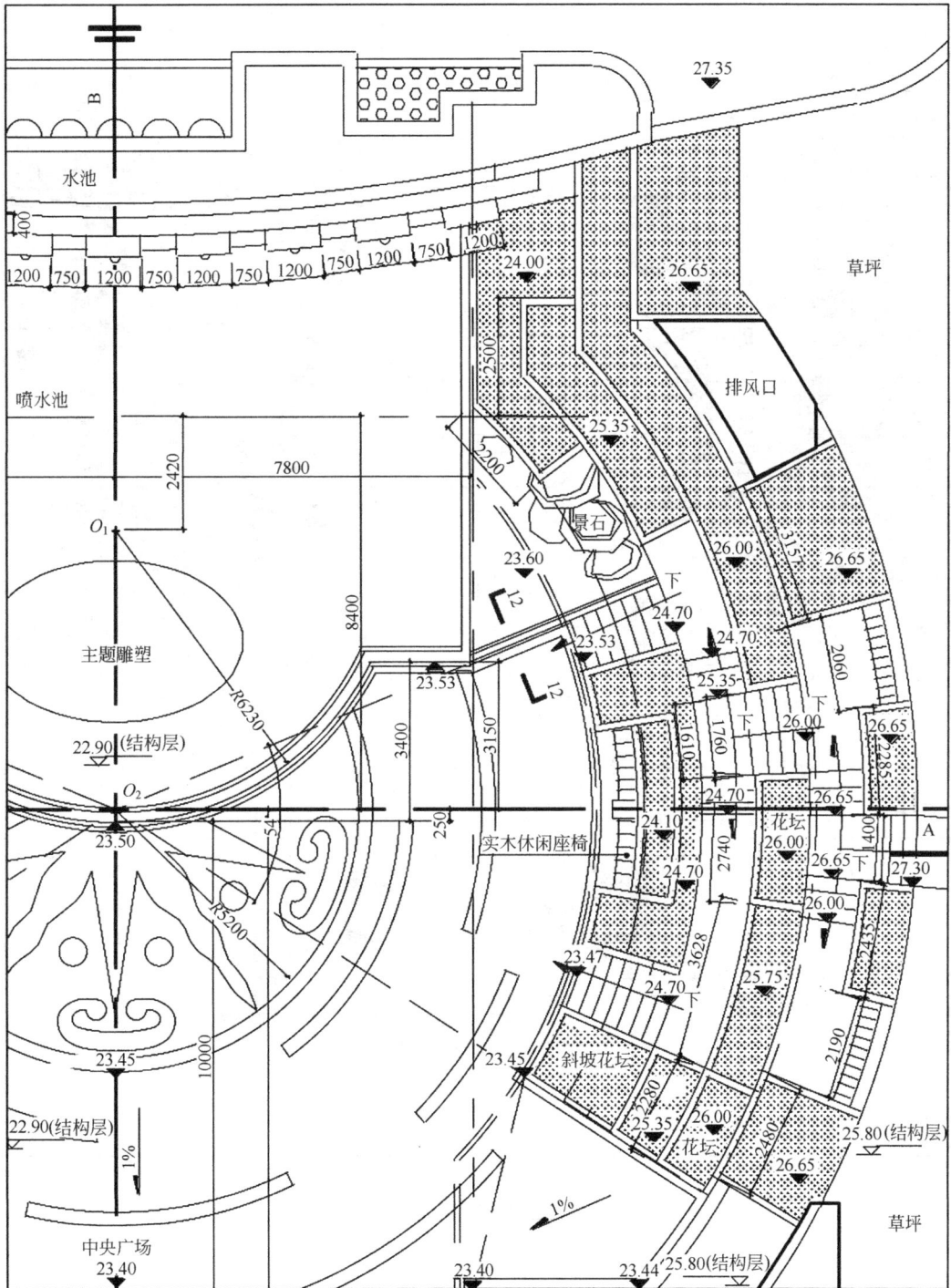

广场平面图(局部)1:200

139

X12

9000 9000 9000 9000 9000 9000

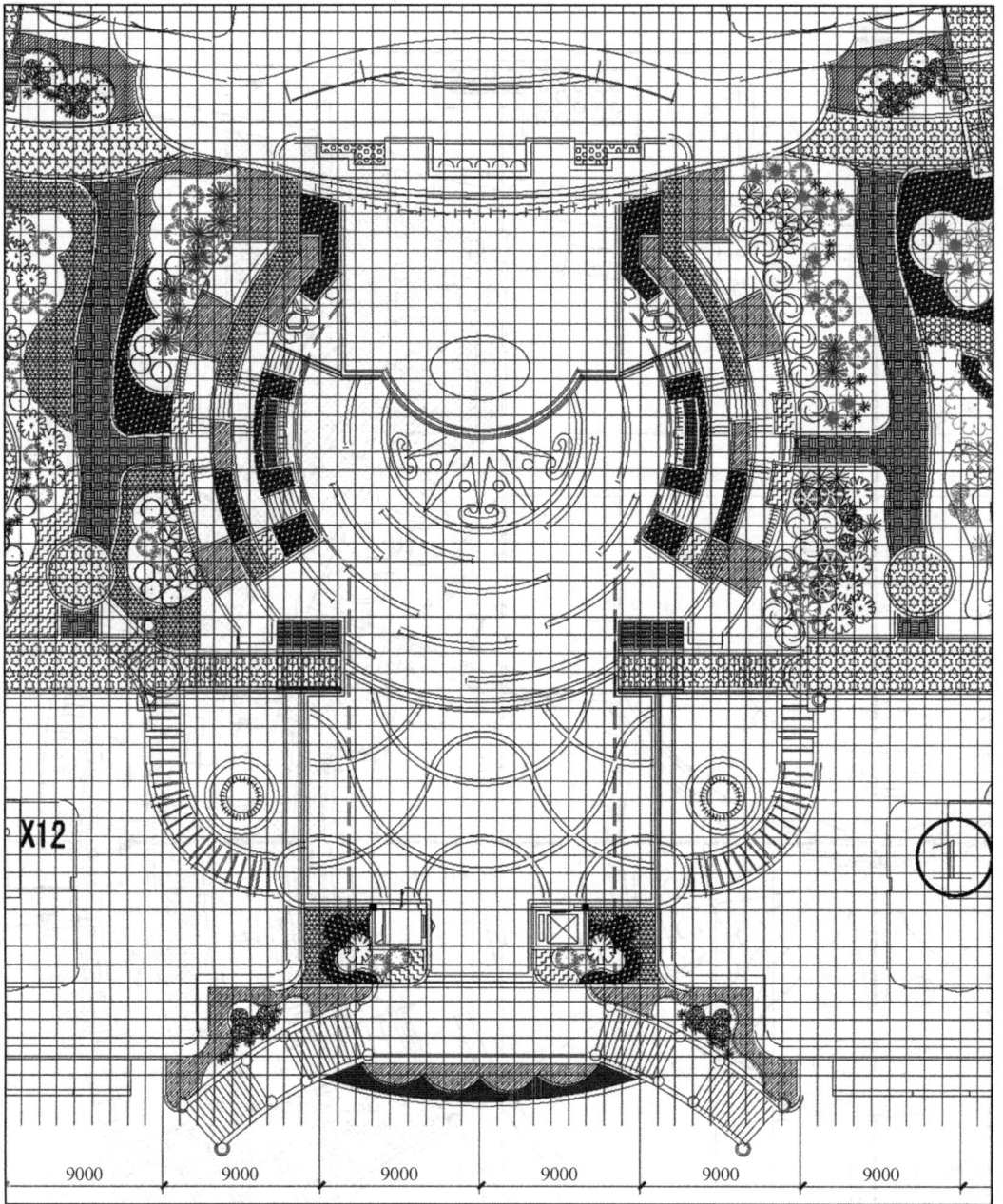

绿化种植图(局部)1:200

140

植 物 材 料 表

序号	图例	名称	设计规格			种植数量	备注
			株高(m)	胸径(cm)	冠幅(m)		
1		法桐	3～4	6～7	2	94 株	
2		蜀桧	2.5～3	6～7	2	12 株	剪型树
3		合欢	2.5～3	5～7	2.0～2.5	40 株	
4		银杏	2.5～3.0	5～6	1.5～1.8	10 株	
5		鸡爪槭	1.5～2.0	3～5	1.5～1.8	45 株	三季为红色树叶
6		红枫	2.5～3.0	5～6	1.5～1.8	22 株	
7		黄刺玫	1.0～1.2		0.8～1.0	51 株	
8		榆叶梅	1.2～1.5		1.2～1.5	49 株	
9		紫玉兰	1.2～1.5		0.6～0.8	55 株	
10		紫薇	1.0～1.2		0.5～0.8	56 株	
11		樱花	1.2～1.5		1.2～1.5	34 株	
12		连翘	0.8～1.0		0.5～0.8	44 株	
13		丁香	0.8～1.0		0.5～0.8	147 株	
14		美人蕉	0.8～1.0		0.5～0.8	60 株	
15		紫叶小檗球			0.5～0.8	110 株	
16		大叶黄杨球			1.2～1.5	65 株	
17		花柏球			1.2～1.5	60 株	
18		金叶女贞球			0.6～0.8	135 株	
19		剑麻			0.3～0.6	224 株	
20		紫叶小檗模纹	0.4～0.6			450m²	24 株/m²
21		大叶黄杨模纹	0.4～0.6			405m²	24 株/m²
22		龙柏模纹	0.4～0.6			400m²	24 株/m²
23		金叶女贞模纹	0.4～0.6			420m²	24 株/m²
24		时令花卉	0.4～0.6			180m²	24 株/m²
25		草坪				1200m²	估算

天然花岗石浅芝麻灰火烧面(200×200)

芝麻灰光面花岗岩路边石(200高)

樱花红机割板条收边(300×150沿径铺设)

黄色洗米砾石(粒径10~20)

自然防腐木地面

樱花红机割板条收边(300×150)

天然花岗石金黄麻烧面 不规则切割拼花
(切割尺寸200~400,缝宽20~30)

白色卵石密排 粒径 φ30~φ40

五彩雨花石密排 粒径 φ30~φ40

黑色雨花石饰条 粒径 φ30~φ40

樱花红机割板条收边(300×150)

网格300×300

自然防腐木台

樱花红机割板条收边(200×150沿径切割)

黄色洗米砾石 粒径 φ10~φ20

天然花岗岩石岛红火烧面(600×600)

天然花岗石浅芝麻灰火烧面(300×300)

天然花岗石浅芝麻灰火烧面(600×600)

深绿麻色中国天然花岗石机割面收边(梯形)

小圆广场

芝麻灰光面花岗岩路边石(200高)

天然花岗石浅芝麻灰火烧面(200×200)

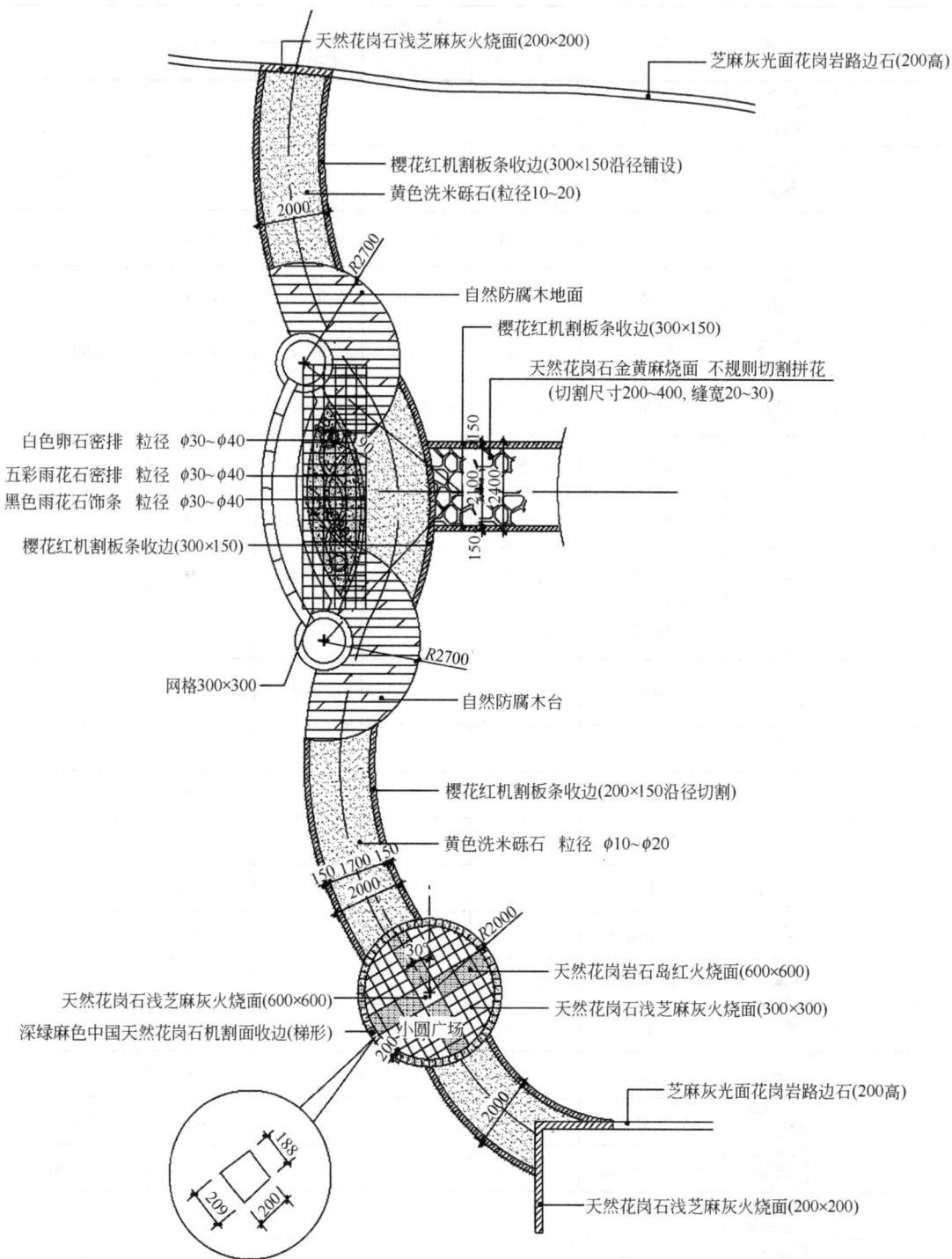

注: 沿前进方向每10m设伸缩缝。图中单位mm。

铺装放大图A 1:100

中华绿磨光面花岗岩
压顶(弧形 单面圆边)

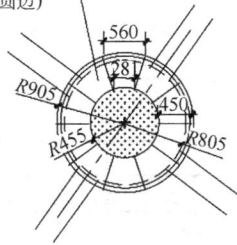

560
28
R905
R455
450
R805

树池2 平面图 1:50

100厚中华绿磨光面花岗岩压顶(单面圆边)
半透明聚碳酸酯板

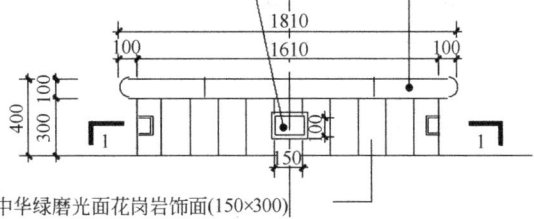

1810
100 1610 100
400 300 100
150
中华绿磨光面花岗岩饰面(150×300)

1 1

树池2 立面图 1:20

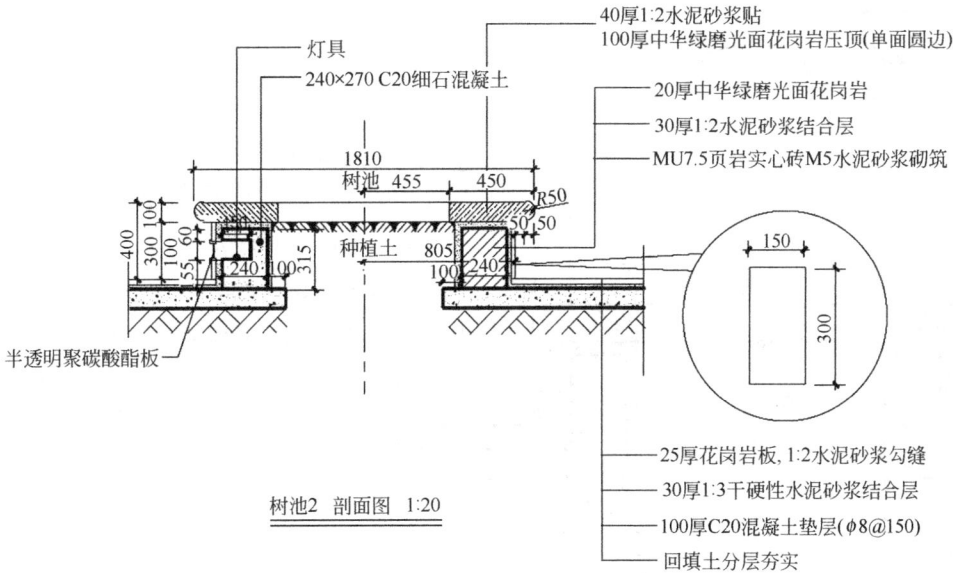

灯具
240×270 C20细石混凝土

40厚1:2水泥砂浆贴
100厚中华绿磨光面花岗岩压顶(单面圆边)
20厚中华绿磨光面花岗岩
30厚1:2水泥砂浆结合层
MU7.5页岩实心砖M5水泥砂浆砌筑

1810
树池 455 450
R50
400 300 100 55 60
240 100 315 种植土 805 50 50 100 240

半透明聚碳酸酯板

150
300

树池2 剖面图 1:20

25厚花岗岩板,1:2水泥砂浆勾缝
30厚1:3干硬性水泥砂浆结合层
100厚C20混凝土垫层(φ8@150)
回填土分层夯实

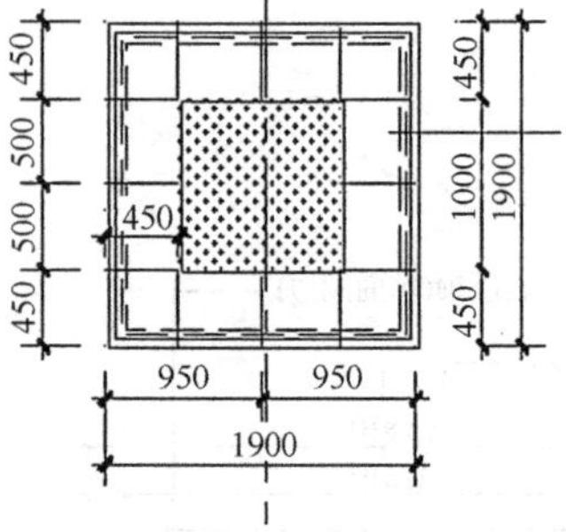

450
500
500
450
450
1000
1900
450
450
950
950
1900
中华绿磨光面花岗岩压顶(单面圆边)

花坛2　平面图1:50

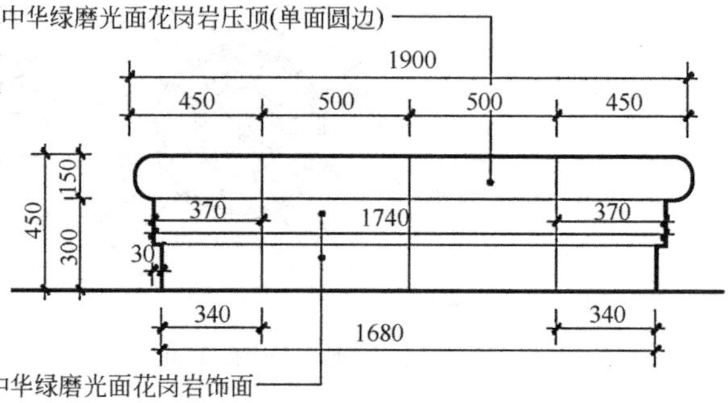

150厚中华绿磨光面花岗岩压顶(单面圆边)
1900
450
500
500
450
150
450
300
370
1740
370
30
340
340
1680
中华绿磨光面花岗岩饰面

花坛2　立面图1:20

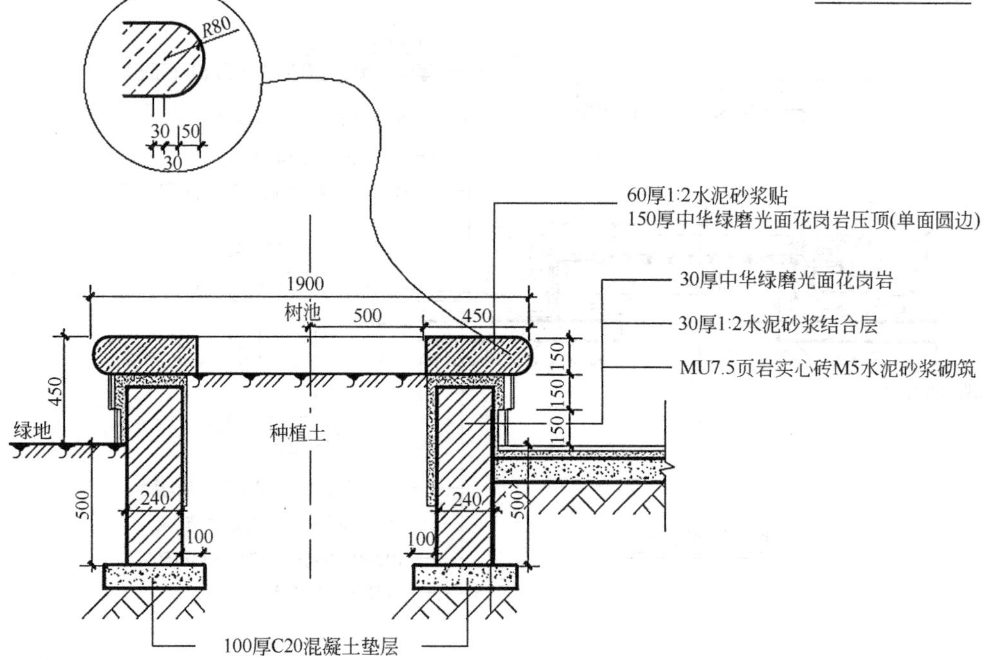

R80
30
50
30
60厚1:2水泥砂浆贴
150厚中华绿磨光面花岗岩压顶(单面圆边)
30厚中华绿磨光面花岗岩
30厚1:2水泥砂浆结合层
MU7.5页岩实心砖M5水泥砂浆砌筑
1900
树池
500
450
450
150
150
150
绿地
种植土
240
240
500
500
100
100
100厚C20混凝土垫层

花坛2　剖面图1:20

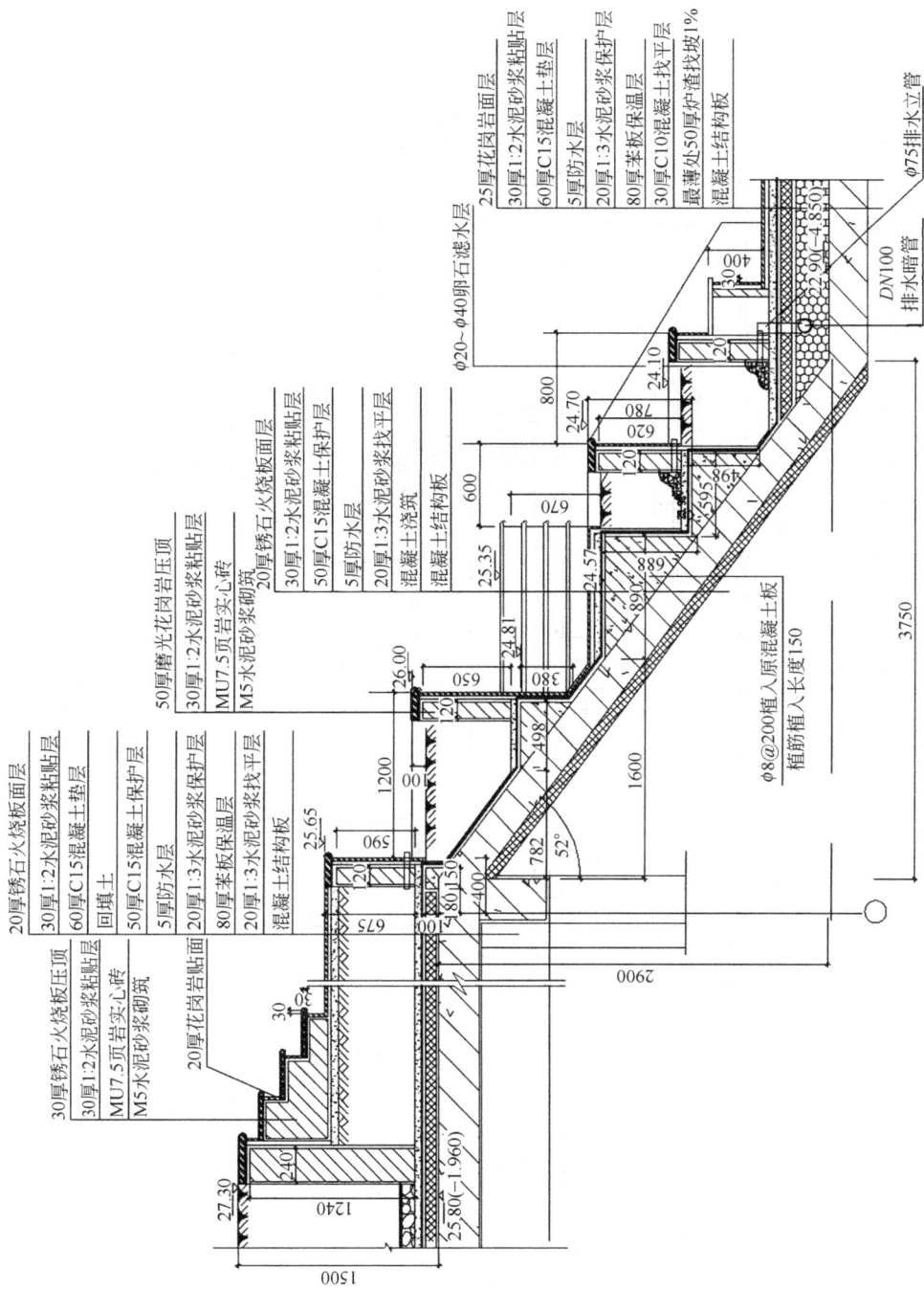

20厚锈石火烧板面层
30厚1:2水泥砂浆粘贴层
60厚C15混凝土垫层
回填土
50厚C15混凝土保护层
5厚防水层
20厚1:3水泥砂浆保护层
80厚苯板保温层
20厚1:3水泥砂浆找平层
混凝土结构板

30厚锈石火烧板压顶
30厚1:2水泥砂浆粘贴层
MU7.5页岩实心砖
M5水泥砂浆砌筑
20厚花岗岩贴面

50厚磨光花岗岩压顶
30厚1:2水泥砂浆粘贴层
MU7.5页岩实心砖
M5水泥砂浆砌筑

20厚锈石火烧板面层
30厚1:2水泥砂浆粘贴层
50厚C15混凝土垫层
5厚防水层
20厚1:3水泥砂浆保护层
混凝土结构板

25厚花岗岩面层
30厚1:2水泥砂浆粘贴层
60厚C15混凝土垫层
5厚防水层
20厚1:3水泥砂浆保护层
80厚苯板保温层
30厚C10混凝土找平层
最薄处50厚炉渣找坡1%
混凝土结构板

φ75排水立管
DN100 排水暗管
φ20~φ40卵石滤水层

φ8@200植入原混凝土板
植筋植入长度150

27.30
25.80(-1.960)
1500
1240
2900
25.65
1200
26.00
24.81
25.35
24.57
1600
3750
24.70
24.10
800
600
400
22.90(-4.850)
52°

4—4台阶剖面图1:20

Ⓑ 休闲座椅展开立面图1:50

锈石磨光面花岗岩

锈石磨光面花岗岩

锈石火烧面花岗岩

锈石磨光面花岗岩

50厚中华绿磨光面花岗岩压顶
突出墙面25

R25

25.35

24.70

斜坡花坛

凹凸面玉绿文化石竖贴

中华绿磨光面花岗岩
做竖向机刨处理

600   300

中华绿磨光面花岗岩

23.80

400

120 300 120

500

120 300 300

26.00

24.10

R50

150   120 300 150 50

3240

中华绿磨光面花岗岩
做竖向机刨处理

120 300 120

R25

50

150   1100   150

400

50

120

40厚自然防腐木休闲座椅
向心铺设

80 200 300

120 300 120

锈石磨光面花岗岩

锈石磨光面花岗岩
做竖向机刨处理

25.75

24.70

斜坡花坛

50

50

150 150 50

850

146

投 标 总 价

工程名称：某住区广场绿化景观工程

序号	项目名称	金额（元）
1	景观部分	812825.66
2	绿化部分	226590.34
3	给排水、电气部分	37328.25
	工程造价合计	1076744.25

日期：2009.4.27

分部分项工程量清单计价表

工程名称：某住区广场园林景观工程

序号	项目编码	项 目 名 称	计量单位	工程数量	单价	合价
1		景观工程				
2		一、屋顶花园基底处理				
3	010401006002	碎石透水层180厚 工程内容及特征：规格10～30mm、20～40、80～100。	m³	345.24	78.50	27102.90
4	补017	密制土工布滤层 工程内容及特征：铺二层土工布200g/m²。	m²	2023.00	11.07	22391.81
5	010103001001	回填山皮土 工程内容及特征：夯填(碾压)，运输距离自行考虑。	m³	1648.00	19.92	32833.94
6		一、消防通道(P-5/环施-1)				
7	050201001001	100×100×60马蹄石铺装 工程内容及特征： 1. 土基压实(密实度≥93%)。 2. 150厚水泥稳定碎石。 3. 200厚C20混凝土。 4. 50厚1：3干铺水泥砂浆结合层。	m²	47.70	271.50	12950.41
8	050201001002	600×300×30剁斧面青石板铺装 工程内容及特征：内容同上。	m²	111.97	254.38	28482.93
9	050201002001	590×150×160蘑菇石边石 工程内容及特征：C20细石混凝土基础。	m	68.80	51.64	3552.91
10		二、疏散通道(P-24/环施-1)				
11	050201002003	600×600(400)×30芝麻灰花岗岩火烧板 工程内容及特征： 1. 土基压实(密实度≥93%)。 2. 150厚插石灌浆。 3. 80厚C20混凝土。 4. 30厚1：3干铺水泥砂浆结合层。	m²	17.30	179.94	3112.92
12	050201002003	600×200×30济南青岗岩火烧板 工程内容及特征：内容同上。	m²	3.36	233.18	783.50
13	050201002002	590×150×160蘑菇石边石 工程内容及特征：C20细石混凝土基础。	m	16.70	52.28	873.09

序号	项目编码	项目名称	计量单位	工程数量	单价	合价
14	010401001001	栏杆混凝土基座 工程内容及特征：截面200mm高C20混凝土。	m	23.14	35.40	819.25
15	020206001001	基座贴芝麻灰花岗岩火烧板 工程内容及特征：规格600×200×20厚，30厚1：3干铺水泥砂浆结合层。	m²	11.60	135.04	1566.43
16	010305004001	毛石挡土墙 工程内容及特征：详见(19/环施-8)。	m³	65.40	183.74	12016.53
17	010101003001	挖基础土方 工程内容及特征：土质：自行勘察。弃土运距：场内弃土。	m³	26.00	27.67	719.46
18	010103001001	土方回填 工程内容及特征：(夯填)碾压	m³	10.00	18.82	188.17
19	020204003001	挡墙文化石贴面 工程内容及特征： 1. 20厚1：3水泥砂浆找平层。 2. 文化石规格100×200×25 3. 5厚1：2水泥砂浆结合层。	m²	31.50	128.40	4044.47
20	050201002004	20厚丰镇黑花岗岩机切板地面 工程内容及特征： 1. 土基压实(密实度≥93%)。 2. 150厚插石灌浆。 3. 80厚C20混凝土。 4. 30厚1：3干铺水泥砂浆结合层。	m²	7.20	303.73	2186.83
21	020108001001	20厚丰镇黑花岗岩机切板台阶 工程内容及特征： 1. 土基压实(密实度≥93%)。 2. 150厚插石灌浆。 3. 80厚C20混凝土台阶。 4. 30厚1：3干铺水泥砂浆结合层。	m²	1.12	330.56	370.23
22		三、东侧人行道(P-23/环施-1)				
23	050201002005	100×100深灰色广场砖 工程内容及特征： 1. 回填土分层夯实。 2. 150厚C20混凝土垫层。 3. 20厚1：2水泥砂浆结合层。	m²	12.05	113.84	1371.73
24	050201002006	100×100米色广场砖 工程内容及特征：内容同上。	m²	41.56	119.28	4957.47
25	050201002007	200×200浅灰色广场砖 工程内容及特征：内容同上。	m²	35.00	113.78	3982.22
26	050201002003	100×495×300蘑菇石边石 工程内容及特征：C20细石混凝土基础。	m	58.50	55.07	3221.62
27		四、东侧种植槽(P-17/环施-08)				

序号	项目编码	项 目 名 称	计量单位	工程数量	单价	合价
28	010702005001	实心砖挡墙 工程内容及特征： 1. 土基压实。 2. 150 厚 C20 混凝土垫层。 3. MU10 页岩实心砖，M5 水泥砂浆砌筑 。	m³	6.52	363.47	2369.82
29	010703003001	挡墙内侧防水砂浆 工程内容及特征：30 厚 1：2 水泥砂浆(掺防水剂)。	m²	18.12	18.82	340.96
30	020204003001	挡墙文化石贴面 工程内容及特征： 20 厚 1：2 水泥砂浆结合层，文化石规格 100×200×25。	m²	36.24	125.08	4532.73
31	050201002008	中华绿磨光面花岗岩压顶 工程内容及特征：石材规格 360×40 厚，侧边磨圆边。	m	90.61	74.71	6769.76
32		五、宅间甬路 (P-21/环施-01)				
33	050201002009	碎拼金麻花岗岩 25 厚 工程内容及特征： 1. 土基压实(密实度≥93％)。 2. 150 厚插石灌浆。 3. 80 厚 C20 混凝土垫层。 4. 30 厚 1：3 水泥砂浆结合层。 5. 石材规格 300～400，缝宽 15～20。	m²	38.67	270.22	10449.52
34	050201002010	镶嵌白色卵石 工程内容及特征： 1. 土基压实(密实度≥93％)。 2. 100 厚 40-70 粒径碎石干铺。 3. 100 厚 C20 混凝土垫层。 4. 80 厚 1：3 水泥砂浆结合层。 5. 卵石粒径 40～50 外露 1/3。	m²	9.67	70.99	686.51
35	050201002004	590×150×160 蘑菇石边石 工程内容及特征：C20 细石混凝土基础。	m	48.37	55.04	2662.33
36		六、宅间路(P-1/环施-01)				
37	050201002011	济南青花岗岩火烧板 200×600×30 工程内容及特征： 1. 土基压实(密实度≥93％)。 2. 150 水泥稳定碎石。 3. 200 厚 C20 混凝土。 4. 50 厚 1：3 干铺水泥砂浆结合层。	m²	17.62	254.99	4492.96
38	050201002012	芝麻灰花岗岩火烧板 600×400×30 工程内容及特征：内容同上。	m²	47.32	194.73	9214.48
39	050201002013	樱花红花岗岩火烧板 600×600×30 工程内容及特征：内容同上。	m²	35.24	271.43	9565.28
40	050201002014	芝麻灰花岗岩火烧板 600×150×30 工程内容及特征：内容同上。	m²	8.89	209.71	1864.35
41	050201002015	芝麻灰花岗岩火烧板 600×600×30 工程内容及特征：内容同上。	m²	35.24	209.72	7390.68

序号	项目编码	项目名称	计量单位	工程数量	单价	合价
42	050201002016	芝麻灰花岗岩火烧板 600×450×30 工程内容及特征：内容同上。	m²	26.51	209.69	5558.85
43	050201002005	590×150×160 蘑菇石边石 工程内容及特征：C20 细石混凝土基础。	m	163.13	55.06	8981.78
44		七、宅间路(1、2/环施-12)				
45	050201002017	济南青花岗岩火烧板 30 厚(异形) 工程内容及特征： 1. 土基压实(密实度≥93％)。 2. 150 厚水泥稳定径碎石。 3. 200 厚 C20 混凝土。 4. 50 厚 1：3 干铺水泥砂浆结合层，规格见详图。	m²	16.58	254.07	4211.76
46	050201002018	芝麻灰花岗岩火烧板 30 厚(异形) 工程内容及特征：内容同上，规格见详图。	m²	31.51	215.22	6781.71
47	050201002019	樱花红花岗岩火烧板 30 厚(异形) 工程内容及特征：内容同上，规格见详图。	m²	10.49	270.59	2838.47
48		八、宅间路节点(P-6/环施-01)				
49	050201002020	石岛红花岗岩火烧板 300×600×25 工程内容及特征： 1. 土基压实(密实度≥93％)。 2. 150 厚水泥砂浆稳定径碎石。 3. 200 厚 C20 混凝土。 4. 50 厚 1：3 干铺水泥砂浆结合层，规格见详图。	m²	7.21	276.08	1990.55
50	050201002021	芝麻黑花岗岩火烧板 600×600×25 工程内容及特征：内容同上。	m²	8.63	282.54	2438.32
51	050201002022	芝麻白花岗岩火烧板 600×600×25 工程内容及特征：内容同上。	m²	9.36	232.66	2177.72
52	050201002023	中国黑花岗岩磨光板 300×300×25 工程内容及特征：内容同上。	m²	0.73	261.37	190.80
53	050201002006	590×150×160 蘑菇石边石 工程内容及特征：C20 细石混凝土基础。	m	10.80	54.28	586.26
54		九、中心广场(-/环施-02)				
55	050201002024	镶嵌白色卵石收边 工程内容及特征： 1. 土基压实(密实度≥93％)。 2. 150 厚插石灌浆。 3. 200 厚 C20 厚混凝土。 4. 80 厚 1：3 水泥砂浆结合层。 5. 卵石粒径 40～50 外露 1/3。	m²	13.80	67.83	936.02
56	050201002025	镶嵌黄色卵石收边 工程内容及特征：内容同上，黄色卵石粒径 20～40。	m²	3.71	72.76	269.93
57	050201002009	碎拼金麻花岗岩 25 厚 工程内容及特征： 1. 土基压实(密实度≥93％)。 2 100 厚 40～70 粒径碎石干铺。 3. 100 厚 C20 混凝土垫层。 4. 30 厚 1：3 水泥砂浆结合层。 5. 石材规格 300～400，缝宽 15～20。	m²	102.30	255.69	26156.58

序号	项目编码	项 目 名 称	计量单位	工程数量	单价	合价
58	050201002026	芝麻灰花岗岩火烧板收边 600×200×25 工程内容及特征：内容同上。	m²	2.11	183.56	387.32
59	050201002027	芝麻黑花岗岩磨光板收边 600×200×25 工程内容及特征：内容同上。	m²	7.83	266.61	2087.56
60	050201002028	中华绿花岗岩磨光板 300×300×25 工程内容及特征：内容同上。	m²	0.72	343.20	247.10
61	050201002029	中华绿花岗岩磨光板 600×600×25($R=700$ 圆) 工程内容及特征：内容同上。	m²	1.54	377.44	581.26
62	050201002030	石岛红花岗岩机切板 600×300×25 工程内容及特征：内容同上。	m²	16.54	233.55	3862.88
63	050201002031	中华绿花岗岩磨光板 600×150×25 工程内容及特征：内容同上。	m²	12.82	377.38	4838.03
64	050201002032	芝麻白花岗岩火烧板 600×600×25 工程内容及特征：内容同上。	m²	10.32	178.70	1844.23
65	050201002033	芝麻灰花岗岩火烧板 600×600×25 工程内容及特征：内容同上。	m²	8.63	183.61	1584.55
66	050201002034	石岛红花岗岩火烧板 600×600×25 工程内容及特征：内容同上。	m²	66.94	227.99	15261.73
67	050201016001	防腐木地板 工程内容及特征：参照木栈道，国产防腐木。	m²	30.60	304.39	9314.24
68		十、景墙(-/环施-09)				
69	010101003001	挖基础土方 工程内容及特征：土质：自行勘察。弃土运距：场内弃土。	m³	3.60	24.35	87.66
70	010103001001	土方回填 工程内容及特征：(夯填)碾压	m³	3.60	16.60	59.77
71	010302001002	景墙实心砖 工程内容及特征：MU10 页岩实心砖，M5 水泥砂浆砌筑，预留 120×120 泄水孔。	m³	6.75	309.92	2091.97
72	020204003002	景墙贴石岛红磨光板 20 厚 工程内容及特征： 1. 10 厚 1:2.5 水泥砂浆找平层(掺防水剂)。 2. 20 厚 1:2 水泥砂浆结合层。	m²	4.53	193.70	877.46
73	020204003003	景墙贴褐色文化石 工程内容及特征：内容同上，文化石规格 100×200×25。	m²	13.73	149.43	2051.62
74	补 002	成品玻璃钢欧式雕花 250×250 工程内容及特征：见详图。	个	6.00	309.92	1859.53
75	050201002035	中华绿花岗岩压顶 50 厚 工程内容及特征：石材规格 350×50 厚，侧边磨圆边。	m	4.20	677.50	2845.52
76	补 003	樱花红花岗岩装饰半球($R=75$) 工程内容及特征：M10 螺栓固定，见详图。	个	8.00	277.82	2222.58
77	补 004	景墙白色卵石镶嵌装饰带 150 宽 工程内容及特征：见详图。	m	11.08	11.07	122.64

序号	项目编码	项 目 名 称	计量单位	工程数量	单价	合价
78		十一、花坛 (-/环施-02)				0.00
79	010101003001	挖基础土方 工程内容及特征：土质：自行勘察。弃土运距：场内弃土。	m³	31.60	27.67	874.42
80	010103001001	土方回填 工程内容及特征：(夯填)碾压	m³	13.00	16.60	215.84
81	010302001001	挡墙实心砖 工程内容及特征：MU10 页岩实心砖，M5 水泥砂浆砌筑，预留 120×120 泄水孔。	m³	21.16	312.82	6619.22
82	050304001001	防腐木座板 工程内容及特征： 1. 350×50×50 木本色成品国产防腐木@65。 2. 方钢管□(内外镀锌)40×20×2.5 龙骨。	m	7.20	12.18	87.66
83	050201002036	磨光面中华绿花岗岩压顶 工程内容及特征： 1. 20 厚 1：2 水泥砂浆结合层。 2. 石材规格 350×400×50 厚，侧边磨圆边，见详图。	m	34.40	165.06	5677.96
84	020204003004	立面石岛红磨光面花岗岩镶贴20 厚 工程内容及特征： 1. 20 厚 1：2.5 水泥砂浆找平层。 2. 5 厚 1：2 水泥砂浆结合层。 3. 石材规格 400×400×20 厚	m²	32.63	185.95	6067.64
85	010703003001	挡墙内侧防水砂浆 工程内容及特征：20 厚 1：2 水泥砂浆掺防水剂。	m²	100.22	15.47	1549.91
86	050201002037	中华绿花岗岩压顶 70 厚 工程内容及特征：石材规格 300×70 厚，侧边磨圆边。	m	19.20	326.22	6263.50
87	补 006	镶嵌白色卵石 200×230 工程内容及特征：见详图。	个	24.00	7.82	187.69
88	010301001001	花尊基座实心砖 工程内容及特征：MU10 页岩实心砖，M5 水泥砂浆砌筑，预留 120×120 泄水孔，预埋 φ50PVC 排水管及排水地漏。	m³	9.14	312.82	2859.15
89	050201002038	花尊中华绿磨光面花岗岩压顶 工程内容及特征：石材规格 1100×1500×25 厚，加厚 100 圆型边，详见图(A/环施-2)。	个	4.00	530.67	2122.69
90	补 007	成品玻璃钢欧式雕花 500×300 工程内容及特征：详见图。	个	12.00	418.95	5027.43
91		十二、G1#楼南侧入口 (G2/环施-5)				
92	050201002039	丰镇黑花岗岩机切板 300×100×25(梯形) 工程内容及特征：30 厚 1：3 干硬性水泥砂浆。	m²	0.13	261.22	33.96
93	050201002040	丰镇黑花岗岩机切板收边 300×300×25 工程内容及特征：内容同上。	m²	2.52	261.22	658.27
94	050201002041	石岛红花岗岩火烧板 600×600×25 工程内容及特征：内容同上。	m²	3.11	205.88	640.28

序号	项目编码	项目名称	计量单位	工程数量	单价	合价
95	050201002042	石岛红花岗岩火烧板 600×600×25 工程内容及特征： 1. 土基压实(密实度≥93%)。 2. 100 厚 40～70 粒径碎石干铺。 3. 100 厚 C20 混凝土。 4. 30 厚 1∶3 干铺水泥砂浆结合层。	m²	2.88	240.78	693.44
96	050201002043	坡道石岛红花岗岩火烧板 600×600×25 工程内容及特征内容同上。	m²	7.92	240.42	1904.15
97	020108001002	台阶石岛红花岗岩火烧板 600×350×30 工程内容及特征 1. 土基压实(密实度≥93%)。 2. 100 厚 40～70 粒径碎石干铺。 3. 100 厚 C20 混凝土。 4. MU10 页岩实心砖 M5 水泥砂浆砌筑台阶。 5. 30 厚 1∶3 干铺水泥砂浆结合层。	m²	2.52	296.53	747.25
98	010302001001	挡墙实心砖 工程内容及特征：MU10 页岩实心砖，M5 水泥砂浆砌筑。	m³	1.14	312.82	356.61
99	020204003005	挡墙立面光面丰镇黑花岗岩 20 厚 工程内容及特征： 1. 20 厚 1∶2.5 水泥砂浆找平层。 2. 素水泥浆。 3. 5 厚 1∶1 水泥砂浆结合层。	m²	14.50	240.35	3485.07
100	050201002044	挡墙光面丰镇黑花岗岩压顶 20 厚 工程内容及特征： 1. 20 厚 1∶2.5 水泥砂浆找平层。 2. 石材规格 200 宽，倒边。	m	12.90	116.36	1501.01
101	050201002045	挡墙光面丰镇黑花岗岩压顶 20 厚 工程内容及特征： 1. 20 厚 1∶2.5 水泥砂浆找平层。 2. 石材规格 300 宽，倒边。	m	8.40	94.22	791.47
102	010301001001	花槽基座实心砖 工程内容及特征：MU10 页岩实心砖，M5 水泥砂浆砌筑，预留 120×120 泄水孔，预埋 φ35PVC 排水管及排水地露。	m³	1.00	312.82	312.82
103	050201002046	花槽光面锈石花岗岩 20 厚 工程内容及特征： 1. 20 厚 1∶2.5 水泥砂浆找平层。 2. 素水泥浆。 3. 5 厚 1∶2 水泥砂浆结合层。	m²	3.12	301.54	940.79
104	020105002001	花槽光面丰镇黑花岗岩踢脚 20 厚，h=150 工程内容及特征： 1. 20 厚 1∶2.5 水泥砂浆找平层。 2. 素水泥浆。 3. 5 厚 1∶2 水泥砂浆结合层。	m	4.20	108.66	456.37
105	050201002047	花槽光面丰镇黑花岗岩压顶 600×600 工程内容及特征：见详图。	个	2.00	120.96	241.92

工程名称：某住区广场园林景观工程

续表

序号	项目编码	项 目 名 称	计量单位	工程数量	单价	合价
106	补009	成品玻璃钢欧式雕花300×300 工程内容及特征：详见图。	个	2.00	418.95	837.90
107		十三、G2#楼北侧入口(G1/环施-7)				
108	050201002048	丰镇黑花岗岩光面板300×100×25(梯形) 工程内容及特征： 1. 土基压实(密实度≥93%)。 2. 150厚插石灌浆。 3. 80厚C15混凝土。 4. 30厚1:3干铺水泥砂浆结合层。	m²	0.13	245.97	31.98
109	050201002049	丰镇黑花岗岩光面板收边25厚 工程内容及特征：内容同上，石材规格300宽。	m²	2.19	230.79	505.42
110	050201002050	石岛红花岗岩火烧板600×600×25 工程内容及特征：内容同上。	m²	2.10	247.34	519.41
111	020108001003	台阶石岛红花岗岩火烧板600×300×25 工程内容及特征： 1. 土基压实(密实度≥93%)。 2. 150厚插石灌浆。 3. 80厚C15混凝土。 4. MU10页岩实心砖M5水泥砂浆砌筑台阶。 5. 30厚1:3干铺水泥砂浆结合层。	m²	2.19	282.06	617.71
112	010301001001	实心砖挡墙及花樽 工程内容及特征：MU10页岩实心砖，M5水泥砂浆砌筑。	m³	2.86	312.82	894.66
113	020204003005	挡墙立面丰镇黑花岗岩光面 工程内容及特征： 1. 20厚1:2.5水泥砂浆找平层。 2. 5厚1:2水泥砂浆结合层。	m²	5.00	228.01	1140.07
114	020204003006	花樽立面锈石花岗岩20厚 工程内容及特征： 1. 20厚1:2.5水泥砂浆找平层。 2. 5厚1:2水泥砂浆结合层。	m²	3.13	257.90	807.22
115	020105002001	花樽光面丰镇黑花岗岩踢脚20厚，h=150 工程内容及特征： 1. 20厚1:2.5水泥砂浆找平层。 2. 5厚1:2水泥砂浆结合层。	m	4.02	64.96	261.13
116	050201002047	花樽光面丰镇黑花岗岩压顶610×610 工程内容及特征：见详图。	个	2.00	240.20	480.40
117	补009	成品玻璃钢欧式雕花300×300 工程内容及特征：详见图。	个	2.00	418.95	837.90
118		十四、公建屋面(P-12/环施-7)				
119	050201002048	光面芝麻灰花岗岩600×600×20 工程内容及特征：30厚1:3干铺水泥砂浆结合层，铺装板材间留5mm缝。	m²	20.03	133.93	2682.62
120	050201002049	樱花红花岗岩火烧板500×450×20 工程内容及特征：内容同上。	m²	75.76	183.74	13920.07

154

序号	项目编码	项目名称	计量单位	工程数量	单价	合价
121	050201002050	机切面樱花红花岗岩 450×450×20 工程内容及特征：内容同上。	m²	11.29	183.74	2074.41
122	050201002051	机切面芝麻灰花岗岩 300×600×20 工程内容及特征：内容同上。	m²	10.20	117.33	1196.74
123	050201002052	珍珠花花岗岩火烧板 600×600×20 工程内容及特征：内容同上。	m²	80.49	100.72	8107.31
124	050201002053	珍珠花花岗岩火烧板 600×300×20 工程内容及特征：内容同上。	m²	40.43	100.72	4072.29
125	050201002054	丰镇黑花岗岩磨光板 300×300×20 工程内容及特征：内容同上。	m²	5.10	192.59	982.23
126	050201002055	芝麻灰花岗岩火烧板 600×600×20 工程内容及特征：内容同上。	m²	120.92	117.33	14187.22
127		十五、公建屋顶花坛（1/环施-7）				
128	010301001002	花坛砌砖 工程内容及特征：MU10 页岩实心砖，M5 水泥砂浆砌筑，φ50PVC 排水管。	m³	2.12	309.92	657.03
129	010703003001	砖墙内侧 20 厚防水砂浆 工程内容及特征：1∶2 水泥砂浆掺防水剂。	m²	9.55	14.66	139.99
130	020201001001	砖墙外侧 20 厚水泥砂浆抹面 工程内容及特征：1∶2.5 水泥砂浆。	m²	7.82	14.66	114.63
131	补 010	平面防腐实木条 40×50×500 工程内容及特征：钢钉固定，刷水性防腐涂料一遍，防腐木边缘磨光处理。	m²	8.40	275.12	2311.03
132	补 011	100×100 防腐木错搭 工程内容及特征：L40 骨架间距 600，M10 膨胀螺栓固定，刷水性防腐涂料一遍，国产防腐木边缘磨光处理。	m²	6.72	288.65	1939.75
133		十六、木栈道（P-14/环施-1）				
134	050201016002	木栈道 工程内容及特征： 1. 国产防腐木 1300×120×40，90×120 木方龙骨，M5 膨胀螺栓固定预制铁件。 2. 150 厚 C20 混凝土垫层。 3. 100 厚 φ40～70 碎石垫层。 4. 土基夯实（密实度≥93%）。见详图（8/环施-8）	m²	22.04	339.83	7489.80
135	补 012	白色卵石干铺 工程内容及特征：均厚 100，粒径 φ20～40。	m²	10.70	22.55	241.30
136	补 013	自然鹅卵石干铺 工程内容及特征：均厚 150	m²	10.70	25.46	272.40
137		十七、前广场台阶（22/环施-8）				
138	010101003002	挖基础土方 工程内容及特征：土质：自行勘察。	m³	9.40	29.89	280.92
139	010103001002	土方回填 工程内容及特征：（夯填）碾压。	m³	9.40	19.92	187.28

工程名称：某住区广场园林景观工程　　　　　　　　　　　　　　　　　　　　　　续表

序号	项目编码	项 目 名 称	计量单位	工程数量	单价	合价
140	020108001004	台阶 20 厚丰镇黑花岗岩机切板 工程内容及特征：30 厚 1∶3 干铺水泥砂浆。	m²	26.73	239.17	6392.97
141	050201002056	平台 20 厚丰镇黑花岗岩机切板 工程内容及特征：分层夯填土，150 厚插石灌浆，80 厚 C15 混凝土，30 厚 1∶3 干铺水泥砂浆。	m²	17.01	271.77	4622.86
142	010301001002	砖砌台阶 工程内容及特征：M5 水泥砂浆砌筑 MU10 页岩实心砖。	m³	17.10	287.78	4921.11
143		十八、公建门前广场铺装（-/环施-6）、（-/环施-14）				
144	050201002056	青石板 600×600×30 工程内容及特征：50 厚 1∶3 干铺水泥砂浆结合层。	m²	121.40	178.20	21634.05
145	050201002057	芝麻灰花岗岩火烧板 600×600×30 工程内容及特征：内容同上。	m²	630.28	128.40	80925.39
146	050201002058	樱花红花岗岩机切板 600×600×30 工程内容及特征：内容同上。	m²	58.14	194.81	11326.12
147	050201002059	济南青花岗岩火烧板 600×200×30 工程内容及特征：内容同上。	m²	49.16	178.20	8760.54
148	050201002060	珍珠花花岗岩火烧板 600×200×30 工程内容及特征：内容同上。	m²	60.79	122.86	7468.76
149	050201002061	100×100×40 马蹄石 工程内容及特征：内容同上。	m²	211.41	189.27	40014.27
150	010401006001	垫层混凝土 C20 工程内容及特征：200 厚 C20 混凝土。	m²	1174.92	53.45	62794.37
151	040202003001	基层水泥稳定碎石 工程内容及特征： 1. 土基压实（密实度≥93%）。 2. 150 厚水泥砂浆稳定碎石。	m²	1174.92	18.04	21197.94
152	010416001001	圆钢 φ6 工程内容及特征：φ6@200 双层双向。	t	6.40	4305.69	27556.42
153		十九、前广场花坛（1/环施-6）				
154	010301001002	花坛砌砖 工程内容及特征：MU10 页岩实心砖，M5 水泥砂浆砌筑，100 厚 C15 混凝土垫层。	m³	33.11	337.25	11166.43
155	020204003007	墙面 15～25 厚凹槽石 工程内容及特征：20 厚 1∶2.5 水泥砂浆加 10% 108 胶。	m²	141.43	58.93	8334.84
156	050201002062	花坛中华绿花岗岩压顶 工程内容及特征：石材规格 395×600×30 厚，加厚磨边。30 厚 1∶2.5 水泥砂浆结合层。	m	33.11	119.31	3950.43
157	010306002001	排水沟 工程内容及特征：20 厚 1∶2 有机硅防水砂浆抹面，M5 水泥砂浆砌筑红砖，100 厚 C15 混凝土垫层。	m	57.99	70.66	4097.44

序号	项目编码	项目名称	计量单位	工程数量	单价	合价
158	补014	芝麻灰花岗岩水箅子 工程内容及特征：规格600×450×30厚。	m	57.99	86.89	5038.67
159		二十、其他				
160	020204003001	公建女儿墙文化石贴面 工程内容及特征：素水泥浆一道，10厚1：2水泥砂浆结合层，文化石规格100×200×25，详见(21/环施-8)。	m²	34.76	129.50	4501.52
161	020204003001	车库出口挡墙文化石贴面 工程内容及特征：20厚1：2.5水泥砂浆找平层，5厚1：1水泥砂浆结合层，文化石规格100×200×25，详见(20/环施-8)。	m²	10.00	136.14	1361.44
162	020201001002	水泥砂浆抹灰 工程内容及特征：20厚1：2.5水泥砂浆找平压光，详见(20/环施-8)。	m²	9.10	14.39	130.94
163	020204003001	通风口文化石贴面 工程内容及特征：10厚1：2.5水泥砂浆找平，20厚1：2水泥砂浆结合层，文化石规格100×200×25。详见(-/环施-10)、(-/环施-11)。	m²	37.64	138.36	5207.78
164	020204003008	通风口褐色面砖(同主体) 工程内容及特征：内容同上。	m²	17.84	116.22	2073.37
165	020204003009	通风口芝麻灰花岗岩烧面25厚 工程内容及特征：内容同上。	m²	8.07	138.36	1116.55
166	050201002063	通风口平面芝麻灰花岗岩烧面25厚 工程内容及特征：1：2.5防水砂浆找2%坡，30厚1：3水泥砂浆结合层。详见(-/环施-10)、(-/环施-11)。	m²	29.12	131.72	3835.59
167	010302001002	通风口外贴60厚红砖 工程内容及特征：M10水泥砂浆砌筑MU10页岩实心砖。详见(-/环施-10)、(-/环施-11)。	m³	3.32	309.92	1028.94
168	补015	汀步石1200×300×60 工程内容及特征：天然石材，基土压实(密实度≥93%)。详见(13/环施-8)。	块	8.00	98.61	788.91
169	补016	汀步石1200×400×60 工程内容及特征：天然石材，基土压实(密实度≥93%)。详见(13/环施-8)。	块	12.00	104.68	1256.10
		合　　计				812825.66

分部分项工程量清单

工程名称：某住区广场绿化工程

序号	项目编码	项目名称	计量单位	工程数量	综合单价	合价
		绿化工程				
1	050101006001	整理绿化地	m²	1762.00	1.33	2340.35
2	010103001001	回填种植土	m³	814.00	39.85	32435.47

序号	项目编码	项 目 名 称	计量单位	工程数量	综合单价	合价
3	050102001001	栽植雪松　胸径：12cm、高度：3.0m 起挖、运输、栽植	株	15.00	468.20	7023.04
4	050102001002	栽植紫薇　胸径：8cm 起挖、运输、栽植	株	5.00	100.17	500.85
5	050102001003	栽植紫叶李　胸径：8cm 起挖、运输、栽植	株	19.00	204.22	3880.10
6	050102001006	栽植五角枫　胸径：12cm 起挖、运输、栽植	株	25.00	405.66	10141.62
7	050102004001	栽植龙柏球　冠幅：1.2m、高度：1.4m 起挖、运输、栽植	株	31.00	111.79	3465.58
8	050102004002	栽植红端木　冠幅：1.2m、高度：1.4m 起挖、运输、栽植	株	6.00	58.66	351.98
9	050102004003	栽植木槿　冠幅：1.2m、高度：1.4m 起挖、运输、栽植	株	15.00	73.05	1095.79
10	050102004004	栽植丁香　冠幅：1.2m、高度：1.4m 起挖、运输、栽植	株	6.00	56.45	338.70
11	050102004005	栽植连翘　冠幅：1.2m、高度：1.4m 起挖、运输、栽植	株	5.00	53.13	265.65
12	050102004006	栽植蜀桧　高度：2.0m 起挖、运输、栽植	株	70.00	81.91	5733.54
13	050102004007	栽植大叶黄杨球　冠幅：1.2m 起挖、运输、栽植	株	60.00	112.90	6773.99
14	050102004008	栽植小叶黄杨球　冠幅：1.2m 起挖、运输、栽植	株	37.00	92.98	3440.13
15	050102004009	栽植紫叶小檗球　冠幅：1.2m 起挖、运输、栽植	株	41.00	92.98	3812.03
16	050102005001	栽植金叶女贞　高度：0.4～0.5m 起挖、运输、栽植，35株/m²。	m²	275.00	134.59	37013.45
17	050102005002	栽植大叶黄杨　高度：0.4～0.5m 起挖、运输、栽植，35株/m²。	m²	255.00	135.15	34462.69
18	050102005003	栽植紫叶小檗　高度：0.3～0.4m 起挖、运输、栽植，35株/m²	m²	335.00	135.15	45274.51
19	050102010001	栽植草坪　早熟禾 起挖、运输、栽植	m²	700.00	17.49	12241.89
20	补001	养护管理 一年期养护	m²	1762.00	9.08	15998.98
		合　计				226590.34

分部分项工程量清单报价

工程名称：某住区广场电气、排水工程

序号	项目编码	项目名称	计量单位	工程数量	综合单价	合价
		电气工程				
1	030212001001	电气配管 1. 材质：硬质塑料管。 2. 规格：PVC20 3. 配置形式及部位：埋地。	m	798.00	6.64	5299.65
2	030212003001	电气配线 1. 规格：VV22-1.0-3×4。 2. 配线形式：管内穿线。 3. 配置形式及部位：埋地。	m	798.00	16.38	13072.48
3	030213006001	一般路灯 1. 名称：单面照杆灯。 2. 灯具甲方提供。 3. 基础制作安装。	套	10.00	143.34	1433.39
4	030213006001	一般路灯 1. 名称：庭院灯。 2. 灯具甲方提供。 3. 基础制作安装。	套	10.00	131.16	1311.63
5	030213006001	一般路灯 1. 名称：景观灯A。 2. 灯具甲方提供。 3. 基础制作安装。	套	6.00	88.55	531.29
6	030213006001	一般路灯 1. 名称：草坪灯。 2. 灯具甲方提供。 3. 基础制作安装。	套	14.00	27.67	387.40
7	030213006001	一般路灯 1. 名称：墙壁式灯1。 2. 灯具甲方提供。	套	16.00	27.67	442.74
8	030213006001	一般路灯 1. 名称：墙壁式灯2。 2. 灯具甲方提供。	套	9.00	27.67	249.04
9	030208003001	电缆保护管 1. 材质：铸铁管。 2. 规格：DN50	m	18.00	73.05	1314.95
10	010101006001	管沟土方 挖沟平均深度：0.6m 回填要求：回填土夯填	m	480.00	9.85	4730.35
11		排水工程				0.00
12	040504001001	砌筑检查井DN1000圆形砖砌雨水检查井(收口式)，详见标准图集02515页11。	座	9.00	120.09	1080.85
13	040504003001	雨水进水井详见道路铺装详图(-/环施-1)	座	13.00	62.54	812.99
14	010101006001	管沟土方 1. 土质类别：三类。 2. 管外径：φ300。 3. 挖土深度：0.8m。	m	96.25	8.00	770.00

序号	项目编码	项目名称	计量单位	工程数量	综合单价	合价
15	010101006002	管沟土方 1. 土质类别：三类 2. 管外径：φ200。 3. 挖土深度：0.8m。	m	60.20	7.00	421.40
16	010101006003	管沟土方 1. 土质类别：三类。 2. 管外径：φ150。 3. 挖土深度：0.8m。	m	56.00	7.00	392.00
17	040501006001	塑料管道铺设 1. 管道材料名称：双壁波纹管。 2. 管材规格：φ300，承插密封圈连接。 3. 混凝土基础浇注厚180。	m	96.25	22.14	2130.71
18	040501006002	塑料管道铺设 1. 管道材料名称：双壁波纹管。 2. 管材规格：φ200，承插密封圈连接。 3. 混凝土基础浇注厚180	m	60.20	21.03	1266.03
19	040501006003	塑料管道铺设 1. 管道材料名称：双壁波纹管。 2. 管材规格：φ150，承插密封圈连接。 3. 混凝土基础浇注厚180。	m	56.00	19.92	1115.72
20	010702004001	屋面落水管 1. 管道材料名称：UPVC 塑料管，外喷氟碳漆两遍。 2. 管材规格：φ150。	m	16.10	8.30	133.65
21	040504004001	消防水泵结合器井 3. 消防水泵结合器井	座	1.00	293.32	293.32
22	030600200001	截水沟 1. 土方挖填 2. 碎石垫层，C10 混凝土垫层。 3. M5 水泥砂红砖浆砌筑。 4. 加重收水井盖。	m	1.70	81.56	138.66
		合计				37328.25

附录 1

常见建筑装饰装修材料容重表

名称	重量(kg/m³)	备注
木丝板	400～500	
软木板	250	
刨花板	600	
胶合三夹板(杨木)	1.9	
胶合三夹板(椴木)	2.2	
胶合三夹板(水曲柳)	2.8	
胶合三夹板(杨木)	3.0	
胶合五夹板(椴木)	3.4	
胶合五夹板(水曲柳)	3.9	
甘蔗板, 按 1.0cm 厚计	3.0	
隔声板, 按 1.0cm 厚计	3.0	常用规格为 1.3、1.5、1.9、2.5cm
木屑板, 按 1.0cm 厚计	12.0	常用规格为 1.3、2.0cm
铝合金	2800	常用规格为 0.6、1.0cm
硼砂	1750	
硫矿	2050	
石棉矿	2460	
石棉	1000	压实
石棉	400	松散, 含水量不大于 15%
白垩(高岭土)	2200	
石膏矿	2550	
石膏	1300～1450	粗块堆放 $\phi=30°$, 细块堆块 $\phi=40°$
石膏粉	900	
腐殖土	1500～1600	干 $\phi=40°$, 湿 $\phi=35°$, 很湿 $\phi=25°$
浮石	600～800	干
浮石填充料	400～600	
砂岩	2360	
页岩	2800	
页岩	1480	片石堆置
泥灰石	1400	$\phi=40°$
花岗石, 大理石	2800	
花岗石	1540	片石堆置
石灰石	2640	
石灰石	1520	片石堆置
贝壳石灰石	1400	
白云石	1600	片石堆置, $\phi=48°$
滑石	2710	

続表

名称	重量(kg/m³)	备注
火石(燧石)	3520	
云斑石	2760	
玄武石	2950	
长石	2550	
角闪石，绿石	3000	
角闪石，绿石	1710	片石堆置
碎石子	1400～1500	堆置
岩粉	1600	粘土质或石炭质的
多孔粘土	500～800	作填充料用 φ＝35°
硅藻土填充料	400～600	
辉绿岩板	2950	
缸砖	2100～2150	230×110×65，609 块/m³
红缸砖	2040	
耐酸瓷砖	2300～2500	230×113×65，590 块/m³
灰砂砖	1800	砂：石灰＝92：8
煤渣砖	1700～1850	
矿渣砖	1850	硬矿渣：粉煤灰：石灰＝75：15：10
焦砟砖	1200～1400	
粉煤灰砖	1400～1500	炉渣：电石渣：粉煤灰＝30：40：30
锯末砖	900	
焦砟空心砖	1000	290×290×140，85 块/m³
水泥空心砖	980	290×290×140，85 块/m³
水泥空心砖	1030	300×250×110，121 块/m³
粘土空心砖	1100～1450	能承重
粘土空心砖	900～1100	不能承重
水泥蛭石砂浆	500～800	
石棉水泥浆	1900	
水泥砂浆	2000	
膨胀珍珠岩砂浆	700～1500	
石膏砂浆	1200	
碎砖混凝土	1850	
浮石混凝土	900～1400	
沥青混凝土	2000	
无砂大孔混凝土	1600～1900	
泡沫混凝土	400～600	
加气混凝土	550～750	单块
钢丝网水泥	2500	用于承重结构
水玻璃耐酸混凝土	2000～2350	
粉煤灰陶粒混凝土	1950	
煤焦油	1000	桶装，密度 1.25g/cm³
汽油	670	
汽油	640	桶装，密度 0.72～0.76g/cm³

名称	重量(kg/m³)	备注
泡沫玻璃	300～500	
玻璃棉	50～100	作绝缘层填充料用
沥青玻璃棉毡	80～100	导热系数 0.035～0.047W/(m·K)
玻璃棉板(管套)	100～150	导热系数 0.035～0.047W/(m·K)
玻璃钢	1400～2200	
矿渣棉	120～150	松散导热系数 0.031～0.044W/(m·K)
矿渣棉制品(板、管、砖)	350～400	导热系数 0.047～0.07W/(m·K)
沥青矿渣棉毡	120～160	导热系数 0.041～0.02W/(m·K)
膨胀珍珠岩粉料	80～200	干、松散、导热系数 0.035～0.047W/(m·K)
膨胀珍珠岩制品	350～400	强度 0.8～1MPa
膨胀蛭石	80～200	导热系数 0.052～0.07W/(m·K)
沥青蛭石板(管)	350～400	导热系数 0.081～0.105W/(m·K)
水泥蛭石板(管)	400～500	导热系数 0.093～0.14W/(m·K)
聚苯乙烯泡沫塑料	50	导热系数不大于 0.035W/(m·K)
石棉板	1300	含水率不大于 3%
聚氯乙烯板(管)	1350～1600	
软橡胶	930	
松香	1070	
酒精	785	100%纯
酒精	660	桶装，密度为 0.79～0.82g/cm³
盐酸	1200	浓度 40%
硝酸	1510	浓度 91%
硫酸	1790	浓度 87%
火碱	1700	浓度 66%

附录 2

建筑装饰及景观材料价格

一、常见建筑装饰及景观材料价格表

序号	材料名称	规格型号(mm)	单位	单价(元)	产地	备注
一	木装饰材料					
	哈博维莎苏格拉柚木 vs226 强化复合地板	1210×193×8	包	68.00	上海	哈博特公司 8 片/包
	大建光润 11-7-1 实木复合地板	1818×303×12	m²	219.00	浙江	日本实木复合地板公司
	大建光润 s01 花梨饰面实木复合地板	1818×145×12	m²	378.00	浙江	日本实木复合地板公司
	大建 WPCYD30—QT 实木复合地板	1818×303×12	m²	479.00	浙江	日本实木复合地板公司
	大建光润 WPCYD48—DL 实木复合地板	1818×303×12	m²	498.00	浙江	日本实木复合地板公司
	大建之星 04DA 实木复合地板	1818×303×12	m²	259.00		日本实木复合地板公司
	红檀实木地板	900×90×15	m²	160.00		
	建玲本色散亮竹地板	930×112×18	m²	188.00	湖南	93112
	建玲碳化对结竹地板	930×112×18	m²	210.00	湖南	93130 哑光
	万森库柯实木地板	910×124×18	m²	325.00	浙江	
	万森印茄木实木地板	910×124×18	m²	320.00	浙江	
	世纪铁杉木桑拿墙板	1000×85×12	片	29.90	加拿大	
	世纪防腐木材	3050×89×38	根	92.60	加拿大	
	樟木木方	4000×47×27	捆	78.00	黑龙江	8 根/捆
	津工白松龙骨	3800×25×45	捆	39.60	天津	4 根/捆
	白松木方	3800×25×45	捆	22.60	辽宁	3 根/捆
	同达 A 级白松木方	3800×30×50	捆	29.80	辽宁	4 根/捆
	落叶松木方	4000×30×50	捆	32.80	辽宁	4 根/捆
	东缅中密度纤维板	2440×1220×12	张	61.90	辽宁	
	澳杉中密度板	2440×1220×15	张	204.00	澳大利亚	
	君子兰黑胡桃饰面板	2440×1220×3	张	98.00	天津	直纹
	鹏鸿山桂花面细木工板	2440×1220×15	张	135.00	辽宁	
	鹏鸿二等细木工板	2440×1220×15	张	92.00	辽宁	

序号	材料名称	规格型号(mm)	单位	单价(元)	产地	备注
	鹏鸿一等细木工板	2400×1200×18	张	102.00	辽宁	
	森凤优等细木工板	2440×1220×15	张	99.00	辽宁	
	百克密度板	2440×1220×15	张	88.00	新西兰	
	富春优等细木工板	2440×1220×15	张	75.90	吉林	
	圣斗水曲木门套框线	80×10	m	0.99	辽宁	
	缅甸白木平板线	15×5	m	0.20	广东	
	实木踢脚线	100	m	25.00	大连	
	塑料踢脚线	100	m	6.90	大连	
	龙升老挝柚木门套角线	60×8	m	1.05	广东	
	龙升老挝柚木平板线	40×8	m	0.17	广东	
	龙升老挝柚木半圆线	20×10	m	0.45	广东	
	龙升缅甸樱桃封边线	40×5	m	0.56	广东	
	福春山桂花面细木工板	2440×1220×15	张	119.00	吉林	
	福春A级细木工板	2440×1220×15	张	136.00	吉林	
	兔宝宝黑胡桃饰面板	2440×1220×3	张	86.00	浙江	直纹
	兔宝宝水曲柳饰面板	2440×1220×3	张	59.00	浙江	
	兔宝宝五厘柳桉胶合板	2440×1220×3	张	62.90	浙江	
	兔宝宝斑马木饰面板	2440×1220×3	张	73.00	广东	
	兔宝宝红樱桃木饰面板	2440×1220×3	张	76.00	浙江	直纹
	兔宝宝沙比利饰面板	2440×1220×3	张	66.00	浙江	
	兔宝宝红胡桃饰面板	2440×1220×3	张	63.00	浙江	
	兔宝宝三厘柳桉胶合板	2440×1220×3	张	33.50	浙江	
	通力沙比利饰面板	2440×1220×3	张	62.00	广东	
	通力泰柚饰面板	2440×1220×3	张	106.00	广东	特价88.00元
	通力黑檀木饰面板	2440×1220×3	张	115.00	广东	特价69元
	通力红橡饰面板	2440×1220×3	张	80.00	广东	直纹、特价68元
	通力黑胡桃饰面板	2440×1220×3	张	71.00	广东	
	通力红杨木饰面板	2440×1220×3	张	68.00	广东	直纹
	通力花梨饰面板	2440×1220×3	张	59.00	广东	
	通力枫木饰面板	2440×1220×3	张	83.00	广东	
	通力白杉饰面板	2440×1220×3	张	98.00	广东	
	通力红杉饰面板	2440×1220×3	张	99.00	广东	

序号	材料名称	规格型号(mm)	单位	单价(元)	产地	备注
	通力橡木饰面板	2440×1220×3	张	96.00	广东	
	福津胶合板	2440×1220×3	张	36.00	天津	
	泰松杨木胶合板	2440×1220×5	张	69.80	辽宁	
	佳佳柳桉胶合板	2440×1220×5	张	70.60	浙江	
	佳佳柳桉胶合板	2440×1220×3	张	43.60	浙江	
	蝴蝶胶合板	2440×1220×9	张	120.00	河北	
	西飞白色亚光方板	300×300	m²	74.00	陕西	
	西飞梦幻覆膜方板	300×300	m²	151.00	江苏	
	保得利实木地板	910×125×18	m²	229.00	广东	
	保得利木豆实木地板	910×125×18	m²	459.00	广东	
	保得利柚木实木地板	910×120×18	m²	409.00	广东	
	保得利印茄木实木地板	910×120×18	m²	246.00	广东	
	金刚鹦鹉印茄实木地板	909×122×18	m²	227.00	广东	
	雅舍缅甸柚木实木复合地板	910×125×15	m²	195.00	广东	
	融汇非洲实木复合地板	910×130×15	m²	162.00	上海	
	融汇木豆实木复合地板	910×122×18	m²	338.00	上海	
	融汇樫木实木复合地板	910×122×18	m²	199.00	上海	
	禧路黄酸枝实木复合地板	910×125×15	m²	327.00	辽宁	
	金刚欧德强化复合地板	1215×124×12	m²	91.99	北京	
	大普 DP2Z91 百芯锁扣强化复合地板	1213×93×8	m²	68.00	浙江	
	水曲柳集成木板	2440×1220×20	张	320.00		
	红松集成木板	2440×1220×20	张	280.00		
	樟木松集成板	2300×915×18	张	199.00	辽宁	
	澳杉中密度板	2440×1220×18	张	204.00	澳大利亚	
	波浪板		m²	170.00		A001、A002、A003
	波浪板		m²	370.00		A022、A022、A025
	波浪板		m²	400.00		A038、A039
二	墙地砖					
	罗马利奥1667地砖	316×316	m²	55.88	广东	5.58 元/片
	罗马利奥6308地砖	330×600	m²	87.88	广东	17.40 元/片

序号	材料名称	规格型号(mm)	单位	单价(元)	产地	备注
	罗马利奥 6309 地砖	330×600	m²	131.31	广东	26.00 元/片
	罗马利奥 5306 墙砖	300×500	m²	99.86	广东	14.98 元/片
	诺贝尔 W12608 墙砖	330×120	m²	142.17	杭州	
	诺贝尔 W12702 内墙砖	118.5×330	m²	135.02	杭州	
	诺贝尔 Y30101 玻化砖	600×600	片	52.82	杭州	
	诺贝尔 Y60107 玻化砖	600×600	m²	161	杭州	58.00 元/片
	诺贝尔 Y60101 玻化砖	600×600	m²	146.72	杭州	
	金意陶 C063466 地砖	300×600	m²	143.00	佛山	25.00 元/片 KGF
	金意陶 063725 仿石砖	300×600	m²	172.00	佛山	
	金意陶 063725 仿古砖	300×600	m²	171.89	佛山	30.00 元/片 KGQD
	金意陶 165514 仿古砖	165×165	m²	127.10	佛山	
	金意陶 063470 地砖	300×600	m²	171.00	佛山	30.94 元/片 KGFC
	金意陶 063470 地砖	300×300	m²	152.00	佛山	13.68 元/片
	东鹏 600917 地砖	600×600	m²	211.00	广东	
	升华 6046 玻化砖	600×600	片	10.00	广东	
	升华 E6601 玻化砖	600×600	片	15.00	广东	
	升华 E8049 玻化砖	800×800	m²	98.30	广东	62.91元/片
	升华 A8028 玻化砖	800×800	m²	117.18	广东	
	升华 B0801 微晶砖	800×800	m²	153.60	广东	
	皇冠 35210 墙砖	250×330	m²	48.48	淄博	
	皇冠 35022F 墙砖	250×330	m²	45.45	淄博	4.39 元/片，腰线 23.49 元/片
	马可波罗 45788 墙砖	316×450	m²	56	广东	上海顺福木业有限公司
	马可波罗 34319 墙砖	250×316	m²	62.53	广东	上海顺福木业有限公司
	罗马 DH-003 墙砖	300×450	m²	138.05	浙江	18.64 元/片
	罗马 DH-001 墙砖	300×450	m²	80.00	浙江	
	罗马-皮尔卡丹 PJP03	300×600	m²	176.66	浙江	31.8 元/片
	皮尔卡丹 PVP07 墙砖	250×300	m²	49.00	浙江	
	皮尔卡丹 PJP 墙砖	300×600	片	19.9	浙江	罗马
	皮尔卡丹 PJP 墙砖腰线	300×80	片	20.6	浙江	罗马
	嘉达 4360 墙砖	300×450	m²	49.00	佛山	6.62 元/片

序号	材料名称	规格型号(mm)	单位	单价(元)	产地	备注
	嘉达 43528 深色釉面砖	300×450	m²	66.37	佛山	8.9 元/片
	嘉达 4367 墙砖	300×450	m²	53.00	佛山	7.16 元/片
	卡迪亚 KAR5145 墙砖	250×330	m²	26.00	佛山	
	卡迪亚 KT4503 墙砖	300×450	m²	71.11	佛山	9.60 元/片
	卡迪亚 KT6036 墙砖	250×330	m²	48.36	佛山	3.99 元/片
	陶城 53041 墙砖	250×330	片	1.9	佛山	
	陶城 CR61527 墙砖	300×450	m²	57.78	佛山	7.80 元/片
	陶城 C63051 墙砖	300×600	m²	53.03	佛山	9.55 元/片
	居之宝 A42190 墙砖	330×450	m²	44.30	广东	
	居之宝 A41132 墙砖	330×450	m²	60.74	广东	9.02 元/片
	宏丰 H2326 地砖	300×300	m²	40.00	广东	
	宏丰 H4506 墙砖	250×330	m²	44.00	广东	
	宏宁 2-3D63049 墙砖	330×600	m²	71.21	佛山	14.1 元/片
	宏宁 3-3D63018 墙砖	330×600	m²	64.65	佛山	
	L&DT737008 墙砖	250×330	m²	72.73	广东	6.00 元/片
	L&DL738708 墙砖	250×330	m²	61.82	广东	5.10 元/片
	劳伦斯 MV2532 墙砖	333×500	m²	96.00	广东	
	劳伦斯 MV4510 墙砖	333×500	m²	79.81	广东	13.29 元/片
	劳伦斯 TKl245 墙砖	250×330	m²	64.74	广东	5.34 元/片
	百特 TAR-5533 墙砖	250×330	m²	56.26	广东	花片 27.30 元
	百特 TAR-4017 墙砖	250×400	m²	36.00	广东	3.60 元/片
	百特 TAR-7827 墙砖	300×450	m²	35.48	广东	
	百特 TAR-7827 花砖	300×450	片	36.00	广东	
	百特 TAR-7823 墙砖	330×450	m²	41.93	广东	
	百特 TAR9801 墙砖	300×900	m²	109.63	广东	29.60 元/片
	百特 TAR-6801 墙砖	330×600	m²	70.00	广东	13.86 元/片
	皇冠 35210 墙砖	250×330	m²	48.48	淄博	
	皇冠 43033 墙砖	300×450	m²	32.15	淄博	
	皇冠 35233 墙砖	250×330	m²	34.91	淄博	

序号	材料名称	规格型号(mm)	单位	单价(元)	产地	备注
	皇冠 35022F 墙砖	250×330	m²	45.45	淄博	4.75 元/片 腰线 23.49 元/片
	蒙娜丽莎 30-45D 墙砖	300×600	m²	92.87	广东	
	8YP0001M 玻化砖	800×800	m²	146.87	广东	94.00 元/片蒙娜丽莎
	蒙娜丽莎 J2002M	300×450	m²	92.87	广东	12.55 元/片
	蒙娜丽莎 25-35CL00M	250×350	m²	48.9	广东	4.28 元/片
	晋源 8806 外墙砖	88×188	m²	421.00	普江	6.97 元/片
	意利宝 YC5612 墙砖	330×500	m²	64.24	广东	10.60 元/片 腰线 10.8 元/片
	嘉达 9613A 墙砖	250×330	片	1.81	佛山	
	骏华 07-01 圣木条墙砖	100×300	m²	72.99	广东	2.19 元/片
	新粤 2-Y452230 墙砖	300×450	m²	59.85	广东	8.08 元/片
	冠军 65513 墙砖	300×600	m²	182.78	江苏	
	王者 KAR5145Q 墙砖	250×330	m²	31.39	广东	
	冠星王 ET333 地砖	1200×1200	片	1680.00	广东	
	长城 25-35-U907G 墙砖	250×350	m²	44.57	广东	3.90 元/片
	泰禧融溶玻璃马赛克	R2	联	67.60	广东	20 片/联
	泰禧融溶玻璃马赛克	AAA	联	35.80	广东	20 片/联
	泰禧融溶马赛克	FN-1	联	33.80	广东	20 片/联
	泰禧融溶马赛克	WM261M	联	31.00	广东	30 片/联
三	涂料					
	振邦氟碳漆	20kg	桶	2000.00	大连	大连振邦氟碳涂料
	嘉宝莉墙面漆	20kg	桶	176.00	广东	广东嘉宝莉化工
	嘉美居内墙哑光乳胶漆	20kg	桶	176.00	广东	广东嘉宝莉化工
	新华龙超白乳胶漆	18kg	桶	89.00	广东	广东嘉宝莉化工
	立邦全效合一内墙漆	10L	桶	768.00	广东	广东嘉宝莉化工
	家佳透明底漆	9.5L	组	216.00	广东	广东嘉宝莉化工
	立邦新一代抗污墙面漆	18L	桶	628.00	河北	河北廊坊立邦涂料
	晶雅超透明聚酯底漆	5L	桶	262.00	河北	河北廊坊立邦涂料
	晶雅超透明聚酯半光漆	5L	桶	288.00	河北	河北廊坊立邦涂料
	立邦永得丽水性底漆	5L	桶	139.00	河北	河北廊坊立邦涂料

序号	材料名称	规格型号(mm)	单位	单价(元)	产地	备注
	立邦抗碱封闭墙底漆	5L	桶	198.00	河北	河北廊坊立邦涂料
	立邦梦幻内墙乳胶漆	0.9L	桶	50.00	河北	河北廊坊立邦涂料
	温馨家园内墙黄乳胶漆	5L	桶	128.00	河北	河北廊坊立邦涂料
	哑光高度防透气防水漆	5L	桶	255.80	河北	河北廊坊立邦涂料
	百灵防水抗裂胶浆	20kg	桶	198.00	辽宁	沈阳盛世源商贸
	百灵彩瓷砖白色添缝宝	5kg	桶	42.80	辽宁	沈阳盛世源商贸
	百灵单组分防水涂料	5kg	桶	116.00	辽宁	沈阳盛世源商贸
	西卡防水灰浆	20kg	桶	188.00	广东	广州西卡建筑材料
	西卡防水灰浆	20kg	桶	188.00	广东	广州西卡建筑材料
	西卡瓷砖防水填逢料	5kg	桶	39.8	广州	广州西卡建筑材料
	GD华润润惠乳胶漆	5L	桶	133.00	广东	广东华润涂料有限公司
	洁高抗污五和一内墙漆	5L	桶	288.00	广东	广东华润涂料有限公司
	华润抗菌三和一内墙漆	5L	桶	238.00	广东	广东华润涂料有限公司
	华润水晶半光清面漆	5L	组	236.00	广东	广东华润涂料有限公司
	超易洗强化哑光白色漆	5L	桶	198.00	上海	多乐士卜内门太古油漆
	多乐士防水普通底漆	15L	桶	708.00	上海	多乐士卜内门太古油漆
	多乐士金装全效	5L	桶	378.00	上海	多乐士卜内门太古油漆
	多乐士金装五和一防水漆白色	5L	桶	308.00	上海	多乐士卜内门太古油漆
	多乐士金装五和一木器色漆	5L	桶	348.00	上海	多乐士卜内门太古油漆
	多乐士金装中基漆	5L	桶	309.00	上海	多乐士卜内门太古油漆
	MD多乐士抗碱底漆	10L	桶	426.00	上海	多乐士卜内门太古油漆
	卡普林诺哑光聚酯白漆	5L	桶	289.00	上海	多乐士卜内门太古油漆
	大师厨卫用墙面漆	3.78L	桶	302.00	美国	PPG工业公司
	大师内墙底漆	3.78L	桶	199.00	美国	PPG工业公司
	大师内墙哑光抗碱面漆	18.5L	桶	1258.00	美国	PPG工业公司
	欧龙欧时丽哑光乳胶漆	5L	桶	98.00	上海	德国欧宝上海化工
	欧龙3KPU底漆	5L	桶	168.00	上海	德国欧宝上海化工
	福乐阁浴室墙面漆	0.7L	桶	159.00	瑞典	福乐阁公司
	水性丝光木器清漆	0.95L	桶	149.00	瑞典	福乐阁公司

序号	材料名称	规格型号(mm)	单位	单价(元)	产地	备注
	高级平光内外清漆	3L	桶	269	瑞典	福乐阁公司
	尼德51N内墙哑光漆	3.78L	桶	179.00	上海	
	克里斯汀黄内外墙漆	10L	桶	18.80	北京	
	5mm烤漆		m²	118.00	沈阳	
	民丰MP3防水剂	5L	桶	4.50	吉林	
	劳亚尔YS—2型防水剂	5L	桶	9.9	辽宁	沈阳久圣成
	金飞马自动手喷漆C53	400ML	罐	7.00	广东	中山钟意制漆厂
四	各种石材玻璃					
	黑白根理石	2000×600	m²	78.00	广西	
	丰镇黑理石	2000×600	m²	240.00		
	蓝麻理石	2000×3000	m²	400.00		
	黑金砂理石	2000×600	m²	380.00		
	西班牙米黄	2000×3000	m²	440.00		
	乐涛DTW6019文化石	不规则	dm²	1.32	北京	
	乐涛DTW6004文化石	不规则	dm²	0.98	北京	
	灰极文化石2030	200×300	片	4.20	北京	
	冠军P80500冠军石	800×800	m²	181.25	山东	
	冠军PT80101万年宝石	800×800	m²	282.34	山东	
	傲风D2716大理石	小方拼花9p	片	33.00		
	傲风BR25505大理石	马赛8P	片	56.00		
	傲风BS50	小方嵌花30P	片	66.00		
	油卡石艺板D1100	267×257	片	55.00		
	油卡石艺板岩095050	305×305×10	片	30.00		
	金意陶微晶石	300×300	m²	152	广东	13.68元/片 KGQD030723
	金意陶微晶石	300×600	m²	171	广东	30.78元/片 KGQD063721
	东海DTW6007文化石	不规则	dm²	1.41	北京	
	东海DTW6009文化石	不规则	dm²	1.32	北京	
	东海DTW6010文化石	不规则	dm²	1.58	北京	
	东海DTW6021文化石	不规则	dm²	0.95	北京	

序号	材料名称	规格型号(mm)	单位	单价(元)	产地	备注
	东鹏—金意陶砂岩石	300×600	m²	143.00	佛山	25.74元/片 KGFC030469
	东鹏—金意陶砂岩石	300×300	m²	129.00	佛山	11.61元/片 KGFC030468
	吉利人造石材	2000×600	m	388.00	大连	
	5mm珠光彩晶石		m²	148.00	沈阳	
	8mm热熔玻璃		m²	298.00	沈阳	
	5mm烤漆玻璃		m²	118.00	沈阳	
	5+5夹胶玻璃		m²	380.00	沈阳	
	罗马岗石	3000×1200	m²	420.00	沈阳	
	杜邦可丽耐人造石	3000×1200	m²	500.00	美国	
五	上下水管材					
	得亿排水管	φ100	m	11.60	广东	
	得亿存水弯	φ50	个	8.06	广东	
	得亿等径斜三通排水	φ50	个	4.06	广东	
	得亿排水直通	φ50	个	1.80	广东	
	不锈钢地漏	φ50	个	35.00		
	日丰铝塑复合管	φ20	m	12.00	广东	
	金德PPR管	φ20	m	5.48	辽宁	
	金德铝塑复合管 R1216	φ20	m	9.8	辽宁	
	金德外牙三通	φ20	个	11.60	辽宁	
	金德热水管 R2632	φ25	m	14.90	辽宁	
	永得信镀锌铜球阀	φ25	个	16.80	浙江	
	永腾水截止阀	φ20	个	33.99	浙江	
	金牛20地热管	φ32	m	4.98	湖北	
	金牛32等径三通	φ32	个	4.680	湖北	暖气用
	金牛32×1内螺纹弯头	φ32	个	28.790	湖北	暖气用
	金牛32×1内螺纹接头	φ32	个	25.60	湖北	暖气用
	地康PPR管套25	φ25	个	1.36	上海	暖气用
	地康25×3/4外丝活接	φ25	个	27.90	上海	暖气用
	地康PPR45度弯头25	φ25	个	2.29	上海	暖气用
	地康PPR90度弯头32	φ32	个	3.76	上海	暖气用
	地康PPR正三通25	φ25	个	3.16	上海	暖气用

序号	材料名称	规格型号	单位	单价(元)	产地	备注
六	厨卫设备					
	美隆 MC2017 手盆		套	289.00	广东	
	美隆 MC9904 台上盆		套	128.00	广东	
	美隆 MA2025 坐便器		套	939.00	广东	
	美隆 MA2053 坐便器		套	699.00	广东	
	美隆 MA2032 连体坐便器		套	299.00	广东	
	恒洁 HO88 连体坐便器		套	1240.00	广东	
	恒洁 HO87 连体坐便器		套	793.00	广东	
	法恩莎连体坐便器		套	1478.00	广东	FB1619GL-B
	法恩莎连体坐便器		套	2158.00	广东	FB1625-B
	法恩莎柱盆		套	886.00	广东	FB802
	澳斯曼 1210 连体坐便器		套	1400.00	广东	
	澳斯曼 1219 连体坐便器		套	3280.00	广东	
	澳斯曼 1508 台上盆		套	260.00	广东	
	感应冲水小便器		套	650.00		
	安华 7107 净身器		套	620.00	广东	
	安华 4331 台上盆		套	286.00	广东	
	科勒 K-2220 台上盆		套	614.00	广东	
	乐家洛其卡浴缸龙头		个	908.00	西班牙	
	格拉仕伦玻璃手盆	1000×600×15	套	2928.00	广东	
	格拉仕伦玻璃手盆	1060×580×15	套	2989.00	广东	
	格拉仕伦玻璃手盆	800×500	套	1546.00	广东	
	格拉仕伦龙头		个	388.00	广东	
	格拉仕伦龙头	LT—2BA	个	250.00	广东	
	格拉仕伦高水龙头		个	448.10	广东	
	格拉仕伦玻璃盆	750×750	套	1280.00	广东	
	库恩水槽	800×70×200	套	1280.00	广东	
	库恩双槽	780×450×200	套	1080.00	广东	
	弗兰卡 LC×6200 水槽	815×450×170	套	898.00	广东	
	弗兰卡 ARL654 单槽	72-105	套	3066.00	意大利	
	欧林 OL—H9812A 单槽	520×440	套	755.00	江苏	
	舒耐特不锈钢水槽	880×522	套	2600.00	日本	

序号	材料名称	规格型号(mm)	单位	单价(元)	产地	备注
	方太油烟机	900×500	台	3280.00	浙江	OXW—200ZH02
	方太消毒柜	ZTD707—01	台	3280.00	浙江	
	欧博灶台	SY31	台	1298.00	浙江	
	普田烟机	CXW—218—38	台	3116.00	浙江	
	普田燃气灶	04Q02	台	1345.00	浙江	
	亚美宁散热器		m²	1056.00	意大利	
	锐新钢柱散热器	R-SNS	m²	44.10		
	雅鼎 L072B 皂碟		套	105.00	浙江	
	雅鼎 L074 双杯		套	128.00	浙江	
	雅鼎 L075 毛巾环		套	85.00	浙江	
	雅鼎 L0712 双层置物架		套	313.00	浙江	
	雅鼎 L12811 毛巾架	660	套	236.00	浙江	
	莎朗双层毛巾架		套	259.00	广东	130223C
	迪荟铜波纹下水管	TD3330	套	49.00	浙江	
	迪荟铜 S 型下水管	DH3303	套	44.90	浙江	
	理想 NA95 淋浴房	950×950×18	套	2218.00	广东	
	理想 EA95 淋浴底盆	950×950×15	套	596.00	广东	
	理想 FF913 淋浴房	900×900×15	套	1142.00	广东	
	理想 ET90 座缸	900×900×47	套	647.00	广东	
	理想 NF9H 淋浴柱		套	1118.00	广东	
	圣罗兰双人电脑蒸汽房	1100×900×2	套	7980.00	广东	特价 5998 元 2119A
	圣罗兰单人电脑蒸汽房	1050×1050	套	8980.00	广东	特价 6998 元 2105A
	欧路莎冲浪按摩浴缸	1500×1500×660	套	6160.00	上海	OLS—1525
	欧路莎蒸汽淋浴房	950×950×2150	套	7096.00	上海	OLS—32956
	贝莱尔多用换气扇		个	209.00	广东	
	贝莱尔换气扇 BD1315		个	336.00	广东	
	奥普遥控浴霸	AT36S—1	台	1158.00	杭州	
	飞雕浴霸	FG21DBPF	台	299.00	上海	
	恒热电热水器	CSFH090—A	台	2779.00	四川	
	阿里斯顿电热水器	AM80H—M	台	872.00	江苏	
	龙胜干肤器	LRCY—900	台	248.00	浙江	
	美标 C7-6530 左裙浴缸	1515×860×590	个	2756.00	广东	

序号	材料名称	规格型号(mm)	单位	单价(元)	产地	备注
	人造石面盆柜吸塑板	960×420×670	组	2550.00		宝丽雅
	海禾诗净水器	HH01—1S	台	398.00		K—18
	灿坤三明治机	SWT—224	台	147.00		
	博郎食品调理机	MR400	台	368.00		
	飞利浦烤面包机	HD2528	台	350.00		
	格兰仕微波炉	G8023ESL—V8	台	1098.00		
	海尔蒸汽微波炉	MZ—2070MGZ	台	700.00		
七	开关插座线缆					
	罗格朗10A五孔插座		个	16.90		
	罗格朗电视插座		个	24.90		
	罗格朗10A双控开关		个	15.90		
	罗格朗10A四联开关		个	36.90		
	龙胜三联单控大板开关		个	15.56	浙江	W1F3K/lB
	龙胜双联插座			8.66	浙江	W1F2US/PB
	TCL银韵单联开关		个	16.90	广东	
	TCL银韵单联开关		个	17.80	广东	
	秋叶原移动插座	YE-251-3μ	排	38.90	广东	
	峰森和插座	10A三芯3μ	排	198.00	广东	
	公牛十位漏电保护插排		排	92.60	浙江	
	秋叶原75-54P同轴电缆	YF-2067	m	4.99	广东	
	秋叶原75-Ω同轴电缆	YF-20673DD6.8	m	2.99	广东	
	海燕塑铜钱	BU1.5/500红	m	1.00	天津	
	MD津成塑铜线米黄色	95m	捆	99.00	天津	天津津成电线电缆
	闭路电视线缆	96网格线	m	1.50		
	电话线缆	4芯	m	1.50		
	宽带线	8芯	m	1.80		
八	其他					
	三菱中央空调PSH	3JAKH-S(Y)	系统	12600.00	日本	
	美国约克空调	220V	系统	15000.00	广州	
	三立方形射灯	F102	个	19.90	广东	
	三立直插式筒灯	806	个	22.90	广东	
	雷士射灯	NDL843LSG1CH	个	18.80	广东	
	雷士射灯	NDL801LSG	个	51.00	广东	

序号	材料名称	规格型号(mm)	单位	单价(元)	产地	备注
	雷克桶灯 LK122	φ84	个	72.00	广东	
	雷克桶灯 LK121	φ60	个	55.00	广东	
	雷克方块桶灯 LK125	70×70	个	52.00	广东	
	雷克方块桶灯 LK126	90×90	个	70.00	广东	
	欧普米白色吸顶射灯	SX108	个	51.00	广东	
	盛友 402 黑胡桃素门	2000×820	扇	1436.00	辽宁	
	盛友 311 黑胡桃素门	2000×820	扇	1599.00	辽宁	
	顶固铜合页	5×3×3	副	67.70	广东	
	顶固铜合页 4BB 喷金	5×3×3	副	97.00	广东	
	欧荣木质平板门	2000×820	扇	588.00	辽宁	
	科曼多隔断门	2000×800	扇	539.00	上海	
	盼盼安全门	2050×950	樘	1480.00	营口	
	GHANGHU 门锁	A3901	把	112.80	浙江	
	天宇门锁	U10157	把	79.90	浙江	
	名仕镜前灯	69032-4	盏	258.00	广东	
	将们落地灯	92201BST	盏	258.00	广东	
	华油无柱吸顶灯	32W	盏	106.00	广东	
	信丽明铝合金覆膜扣板	V180	m²	227.00	广东	
	东恩龙铝扣板	V200	m²	304.00	北京	
	志申塑料扣板	200×~		45.00	台湾	
	松下隔声塑料扣板	200×~		60.00	日本	
	西飞钻石彩亮珠光条板	120×~	m²	138.80	陕西	
	欧斯宝变色龙膜系列铝镁合金顶棚	R125	m²	187.00	广东	
	欧斯宝进口覆膜方板	300×300	m²	176.00	广东	
	欧斯宝 C 型覆膜条板	130×~	m²	179	广东	
	欧斯宝 C 型覆膜方板	300×300	m²	176.00	广东	
	欧斯宝 R 扣氟碳拉丝系列条板	130×~	m²	268.00	广东	
	升扬覆膜银粉蓝条板	TCMl25	m²	118.00	江苏	台湾
	海天铝塑板	2440×1220×3	张	179.00	广东	
	群星防水防湿板	2440×1220×3	张	38.00	辽宁	
	安特石膏板	3000×1220×12	张	29.00	山东	特价 24.5 元/张
	可耐福纸面石膏板	3000×1220×12	张	39.90	天津	
	北国纸面石膏板	3000×1220×12	张	26.80	山东	
	矿棉板	15 厚	m²	15.00		

序号	材料名称	规格型号(mm)	单位	单价(元)	产地	备注
	欧艺石膏线	2200m	m	4.60	辽宁	
	鲁泰水泥压力板	1220×1400×8	张	76.50	山东	
	红砖		块	0.25	辽宁	
	祥得士填缝剂	2kg	袋	9.60	天津	
	祥得士耐水腻子粉	5kg	袋	12.6	天津	
	祥得士石膏粉	20kg	袋	19.80	天津	
	祥得士河砂	40kg	袋	3.50	天津	
	高强水泥	50kg	袋	25.00	辽宁	
	硅酮结构胶	300ml	支	48.00	上海	
	硅酮耐候胶	300ml	支	33.00	上海	
	石材干挂 AB 胶		kg	75.00	上海	
	道康宁酸性 GP 密封胶	300ml	支	11.90	上海	透明
	腾亚不锈钢扶手件		个	7.80	江苏	
	槽钢	100	kg	3.60	大连	
	角钢	L5	kg	5.00	大连	
	方钢	25×25	kg	4.50	大连	
	地毯		m²	210.00	土耳其	
	簇绒地毯	4000	m²	45.00	烟台	
	齐全壁纸	530×10m	卷	380.00	韩国	LAVENDER
	齐全壁纸	530×10m	卷	425.00	韩国	CO/PRO
	爱尔福特墙纸 V-710	750×25m	卷	976.00	德国	
	水泥钉	50	合	7.00		
	射钉	50	合	10.00		
	螺丝钉		kg	5.50		
	烤漆龙骨	T	m²	10.00		
	轻钢龙骨	C75	m²	14.00		
	SBS 防水卷材	4	m²	21.00		
	聚苯乙烯泡沫板	1000×2000	张	20.00		
	日东宝塑料地板	300×300×2.5	m²	90.00	日本	大连凯普商茂 0.2 耐磨层
	CYC 塑料地板	1830×20000	m²	90.00	韩国	大连凯普商茂 2.8/2.0 厚
	洁服塑料地板	2000×20000	m²	120.00	法国	大连凯普商茂 2.0/3.0 厚
	洁服塑料地板	500×500	m²	260.00	法国	大连凯普商茂 2.0/3.0 厚

序号	材料名称	规格型号(mm)	单位	单价(元)	产地	备注
九	幕墙材料					
	火烧霞花岗石	25厚	m²	130.00	福建石井	
	微晶石	18厚	m²	300.00	杭州	诺贝尔
	幕墙玻璃	6+12A+5镀膜	m²	255.00	上海	耀皮
	幕墙窗玻璃	5+9A+5	m²	105.00	上海	耀皮
	氟碳漆铝型材		t	34000.00	辽宁	东林瑞那斯
	双色共挤塑钢型材		t	17500.00	大连	吉田 YKK
	窗五金件		套	60.00	大连	吉田 YKK
	硅酮结构胶	594ml	支	60.00	美国	道康宁
	硅酮密封胶	594ml	支	40.00	美国	道康宁
	幕墙开启扇五金件		套	115.00	深圳	坚朗
	热镀锌钢材	槽钢100、角钢50	t	5500.00	上海	宝钢
	193聚氨酯保温棉	25mm厚	m²	80.00	美国	1600 元/m³
十	绿化景观					
	毛石、碎石		m³	45.00	大连	
	瓜子石		m³	40.00	大连	
	普通硅酸盐水泥	32.5级	t	280.00	大连	
	普通硅酸盐水泥	42.5级	t	367.00	大连	
	河砂	中砂	t	70.00	大连	
	雪松	3m高	株	780.00	大连	
	雪松	2m高	株	260.00	大连	
	国槐	10cm胸径	株	280.00	大连	
	国槐	8cm胸径	株	180.00	大连	
	合欢	8cm胸径	株	180.00	大连	
	蜀桧	2m高	株	150.00	大连	
	蜀桧	2.5m高	株	200.00	大连	
	五角枫	8cm胸径	株	280.00	大连	
	银杏	8cm胸径	株	260.00	大连	
	冬青	1.5m冠径	株	280.00	大连	
	冬青	1.0m冠径	株	140.00	大连	
	冬青	0.8m冠径	株	100.00	大连	
	小叶黄杨	两年生	株	3.00	大连	
	大叶黄杨	两年生	株	4.00	大连	
	紫叶小檗	两年生	株	2.00	大连	
	金叶女贞	两年生	株	2.00	大连	

序号	材料名称	规格型号(mm)	单位	单价(元)	产地	备注
	草坪	一年生	m²	5.00	大连	
	荷兰砖	200×100×60	m²	28.00	大连	友兰新型建材
	齿形砖	247×137×60	m²	32.00	大连	友兰新型建材
	仿古砖	五种组合	m²	30.00	大连	友兰新型建材
	装饰砖	三种组合	m²	31.00	大连	友兰新型建材
	休闲砖	276×190×60	m²	35.00	大连	友兰新型建材
	赛克砖	200×200×80	m²	32.00	大连	友兰新型建材
	荷兰砖	200×100×80	m²	32.00	大连	友兰新型建材
	方形砖	200×200×60	m²	28.00	大连	友兰新型建材
	小方砖	100×100×60	m²	28.00	大连	友兰新型建材
	米石、卵石、拟石砖	300×300×60	m²	52.00	大连	友兰新型建材
	围墙砖	390×190×190	m²	350.00	大连	友兰新型建材
	花盆砖	300×300×200	m²	12.00	大连	友兰新型建材
	路缘石	490×120×250	m²	22.00	大连	友兰新型建材
	台阶石	490×250×120	m²	22.00	大连	友兰新型建材
	承重砌块	390×190×190	m²	160.00	大连	友兰新型建材
	抛沙缘石	150×120×600	m²	55.00	大连	友兰新型建材

注：1. 绿化人工费，大株树木栽植45元/株；小株树木及灌木栽植20元/株；草坪栽植20元/m²。

2. 景观材料氧化铬绿色价格上浮3元/m²，透水砖价格上浮2元/m²。

3. 实际工作中材料价格随着市场的变化而波动。此表是2005年底至2006年在大连几个主要材料市场与材料商的随机调查资料，仅供参考。

二、定额装饰材料价格表

序号	材料名称	单位	单价(元)	序号	材料名称	单位	单价(元)
1	钢筋	kg	3.55	12	铝扣板(银白)	m²	85.00
2	铝合金吸音板	m²	230.00	13	扁钢(综合)	kg	3.65
3	钢筋 Φ6	t	3550.00	14	铝塑板	m²	150.00
4	铝合金装饰板	m²	84.00	15	扁钢 30×4	kg	3.65
5	吊筋	kg	3.55	16	金属板	m²	80.00
6	铝扣板 300×300	m²	90.00	17	槽钢(综合)	kg	3.60
7	型钢	kg	3.60	18	金属烤漆板条	m²	48.00
8	铝扣板 600×600	m²	120.00	19	方钢 20×20	kg	4.20
9	圆钢(综合)	kg	3.50	20	金属烤漆板条(异型)	m²	70.00
10	铝扣板(条型)	m²	78.00	21	穿孔钢板 1.5mm	kg	4.80
11	角钢(综合)	kg	3.50	22	半玻塑钢隔断	m²	220.00

序号	材料名称	单位	单价(元)	序号	材料名称	单位	单价(元)
23	钢板(综合)	kg	4.30	58	铜条 3×12	m	8.00
24	全玻塑钢隔断	m²	260.00	59	不锈钢板 1mm	m²	254.00
25	磨砂钢板	m²	136.00	60	铜条 4×10	m	16.00
26	全塑钢板隔断	m²	300.00	61	不锈钢镜面板(方形)	m²	150.00
27	镀锌钢板	kg	5.80	62	铜条 4×6	m	12.00
28	成套挂件(幕墙专用)	套	8.00	63	镜面不锈钢板 0.8mm	m²	150.00
29	镀锌钢板横梁	根	5.20	64	铜条 15×2	m	6.00
30	二爪挂件(幕墙专用)	套	35.00	65	镜面不锈钢板(6k)	m²	120.00
31	镀锌薄钢板(镀锌铁皮)0.5mm	m²	25.06	66	PVC边条	m	2.50
32	空心胶条(幕墙用)	m	0.50	67	镜面不锈钢板(8k)(成型)	m²	160.00
33	镀锌薄钢板(镀锌铁皮)1.2mm	m²	53.69	68	金属槽线 50.8×12.7×1.2	m	4.00
34	四爪挂件(幕墙专用)	套	40.00	69	不锈钢槽钢 10×20×1	m	20.00
35	镀锌薄钢板(镀锌铁皮)26#	m²	25.06	70	金属角线 30×30×1.5	m	5.10
36	皮制面层	m²	380.00	71	不锈钢型材	kg	31.00
37	镀锌薄钢板(镀锌铁皮)28#	m²	30.00	72	金属压条 10×2.5	m	8.30
38	墙纸	m²	8.00	73	不锈钢支柱	m	63.00
39	钢轨 6	m	45.00	74	贴脸 100mm	m	10.00
40	织锦缎	m²	170.00	75	青铜板(直角)4×50	m	50.00
41	冷拔低碳钢丝 Φ3	kg	4.20	76	贴脸 120mm	m	12.00
42	织物软雕	m²	52.00	77	青铜板(直角)5×50	m	55.00
43	镀锌铁丝	kg	5.20	78	贴脸 80m	m	8.00
44	石膏顶角线 120×30	m	5.00	79	铜压条 5×40	m	60.00
45	钢板网	m²	10.00	80	线条(压坡线)	m	2.10
46	石膏项角线 80×30	m	3.50	81	铜压棍 Φ18×1.2	m.	30.00
47	钢板网 0.8	m²	10.00	82	不车花木栏杆 Φ40	m	60.00
48	石膏装饰条 50×10	m	2.50	83	铸铜条板 6×110	m	68.00
49	钢丝网	m²	8.50	84	车花木栏杆 Φ40	m	90.00
50	电化角铝 25.4×2	m	5.60	85	装饰铜板	m²	98.00
51	地龙	套	78.00	86	硬木扶手(弧形)100×60	m	365.00
52	T形铜条 5×10	m	7.00	87	铝板 1200×300	m²	150.00
53	钢骨架	kg	5.70	88	硬木扶手(直形)100×60	m	180.00
54	铜条 1.5×12	m	3.80	89	铝板 600×600	m²	150.00
55	钢网架	m²	30.00	90	硬木弯头 100×60	个	130.00
56	铜条 2×12	m	5.00	91	铝板网	m²	14.60
57	不锈钢板	m²	207.00	92	硬木弯头 150×60	个	150.00

序号	材料名称	单位	单价(元)	序号	材料名称	单位	单价(元)
93	铝单板	m²	150.00	128	塑料扶手	m	14.50
94	硬木弯头 60×65	个	110.00	129	松木锯材	m³	1700.00
95	微孔铝板	m²	60.00	130	塑料毛巾架	副	105.00
96	不锈钢扶手(弧形)Φ75	m	360.00	131	一等木板<18mm	m³	1700.00
97	铝合金框料 L25×2	m	4.00	132	塑料透光片	m²	60.00
98	不锈钢扶手(直形)Φ60	m	25.00	133	一等木板 15～35mm	m³	1700.00
99	铝合金型材	kg	29.00	134	塑料装饰线	m	1.00
100	不锈钢管 U 型卡 3mm	只	3.00	135	硬木锯材	m³	2400.00
101	铝合金型材 25.4×25.4	m	2.90	136	软膜天花吊顶	m²	206.00
102	不锈钢管扶手(直形)Φ50	m	20.00	137	二等板方材	m³	1400.00
103	钛金板	m²	120.00	138	彩色喷绘(外灯箱面层)	m²	30.00
104	不锈钢管扶手(直形)Φ75	m	36.00	139	二等方木	m³	1400.00
105	镀锌铁件	kg	6.00	140	肥皂盒(瓷)	个	8.00
106	不锈钢弯头 Φ60	个	10.00	141	枫木方 30×40	m	2.00
107	铁件	kg	5.50	142	金箔片 90×90	m²	340.00
108	不锈钢弯头 Φ75	个	15.00	143	松木方 25×35	m	1.07
109	铁角 L50	个	0.30	144	酒吧设备(成品)1m	组	1500.00
110	螺旋形不锈钢扶手	m	310.00	145	一等木方<54cm²	m³	1700.00
111	铁搭扣 100mm	个	2.00	146	藤条造型(吊挂)	m²	50.00
112	不锈钢扶手(直形)Φ75	m	36.00	147	一等木方 55～100cm²	m³	1700.00
113	预埋铁件	kg	4.10	148	玻璃 3mm	m²	13.00
114	不锈钢管 Φ133×4500	根	2400.00	149	一等小方	m³	1700.00
115	铸铁支架	套	5.20	150	平板玻璃 12mm	m²	53.00
116	不锈钢管 Φ108×4000	根	1900.00	151	一等硬木板方材	m³	2400.00
117	锯材	m³	1200.00	152	平板玻璃 3mm	m²	13.00
118	不锈钢管 Φ76×3500	根	1200.00	153	一等中方框料 60cm²	m³	1400.00
119	杉原木	m³	1200.00	154	平板玻璃 4mm	m²	17.00
120	铁艺带铁框	m²	48.00	155	一等中方框料 72cm²	m³	1400.00
121	板条 1000×30×8	百根	45.00	156	平板玻璃 5mm	m²	23.00
122	铜管扶手(弧形)Φ75	m	180.00	157	埃特板	m²	21.00
123	毛板	m³	1700.00	158	平板玻璃 8mm	m²	42.00
124	铜管扶手(直形)Φ75	m	160.00	159	白枫木饰面板	m²	16.00
125	杉木锯材	m³	1550.00	160	磨砂玻璃 5mm	m²	58.00
126	塑料窗帘盒宽 140mm	m	18.00	161	宝丽板	m²	23.00
127	松厚板	m³	1700.00	162	钢化玻璃 10mm	m²	95.00

序号	材料名称	单位	单价(元)	序号	材料名称	单位	单价(元)
163	细木工板	m²	40.32	198	激光玻璃(成品)	m²	420.00
164	钢化玻璃12mm	m²	110.00	199	水泥压木丝板	m²	15.00
165	复合板	m²	90.00	200	玻璃碴	kg	0.21
166	钢化玻璃15mm(成品)	m²	220.00	201	橡木夹板3mm	m²	26.50
167	红榉木夹板	m²	20.00	202	茶色玻璃10mm	m²	100.00
168	钢化玻璃6mm	m²	55.00	203	柚木夹板12mm	m²	22.00
169	胶合板(三层)	m²	9.50	204	车边玻璃8mm	m²	48.00
170	夹胶钢化玻璃8+14+8	m²	240.00	205	半圆木线20mm	m	1.80
171	胶合板(五层)	m²	13.50	206	防弹玻璃19mm	m²	600.00
172	有机玻璃	m²	95.00	207	半圆木线40mm	m	3.00
173	胶合板13mm	m²	23.50	208	夹丝玻璃	m²	120.00
174	有机玻璃10mm	m²	175.00	209	半圆木线60mm	m	4.80
175	胶合板15mm	m²	28.22	210	镜面玻璃(成品)5mm	m	34.00
176	有机玻璃3m	m²	80.00	211	半圆内角线	m	1.20
177	胶合板17mm	m²	33.60	212	镜面玻璃6mm	m²	38.00
178	有机玻璃灯片	m²	78.00	213	枫木线条10×10	m	1.20
179	胶合板3mm	m²	9.50	214	镜面玻璃异形5mm	m²	40.00
180	夹层玻璃	m²	135.00	215	枫木线条10×20	m	1.50
181	胶合板5mm	m²	13.50	216	镜面车边玻璃6mm(成品)	m²	72.00
182	中空玻璃16mm	m²	110.00	217	枫木线条10×30	m	2.30
183	胶合板9mm	m²	19.00	218	热反射玻璃(镀膜玻璃)6mm	m²	120.00
184	激光玻璃400×400	m²	360.00	219	枫木线条10×50	m	7.00
185	胶压刨花木屑板	m²	15.00	220	热弯玻璃	m	340.00
186	激光玻璃500×500	m²	360.00	221	枫木线条20×20	m	2.00
187	镜面玲珑胶板1mm	m²	100.00	222	镶嵌铜条玻璃	m²	13.00
188	激光玻璃800×800	m²	380.00	223	榉木封边/直板/倒圆线10×25	m	2.50
189	榉木板1220×2440×3	m²	16.50	224	玻璃马赛克	m²	16.00
190	激光玻璃 异形	m²	560.00	225	榉木封边/直板/倒圆线10×30	m	3.00
191	榉木夹板3mm	m²	16.50	226	玻璃砖190×190×80	块	18.00
192	激光玻璃(8+5)400×400	m²	360.00	227	榉木封边/直板/倒圆线25×5	m	2.00
193	榉木夹板2440×I220×3	m²	16.50	228	幻影玻璃500×500	m²	408.00
194	激光玻璃(8+5)500×500	m²	370.00	229	榉木封边	m³	8000.00
195	刨花板12mm	m²	15.00	230	幻影玻璃800×800	m²	408.00
196	激光玻璃(8+5)800×800	m²	400.00	231	榉木线50×10	m	5.50
197	饰面夹板	m²	20.00	232	幻影玻璃600×600	m²	408.00

序号	材料名称	单位	单价(元)	序号	材料名称	单位	单价(元)
233	木线压条 10×l0	m	1.50	268	大理石栏板(直形)	m²	460.00
234	幻影夹层玻璃(8+5)400×400	m²	658.00	269	木制百叶	个	80.00
235	木压条	m	5.00	270	大理石碎块	m²	42.00
236	幻影夹层玻璃(8+5)500×500	m²	658.00	271	榉木皮	m²	12.00
237	木质装饰线 100×12	m	4.00	272	大理石圆弧腰线 80mm	m	140.00
238	幻影夹层玻璃(8+5)800×800	m²	658.00	273	硬木窗帘轨道(成品)	m	35.00
239	木质装饰线 13×6	m	1.50	274	大理石圆弧阴角线 180mm	m	32.00
240	双层玻璃夹百叶帘	m²	2100.00	275	硬木风口(成品)	个	80.00
241	木质装饰线 150×15	m	8.50	276	大理石柱墩(高 400m)	m	1350.00
242	大理石(弧形栏板)	m²	1500.00	277	钢管 Φ15	m	5.04
243	木质装饰线 200×15	m	12.50	278	大理石柱帽(高 250mm)	m	1380.00
244	大理石(综合)	m²	180.00	279	钢管 Φ48×3.5	kg	3.90
245	木质装饰线 25×100	m	20.00	280	花岗岩(踢脚线)	m	15.00
246	大理石扶手	m	400.00	281	钢管 Φ50	m	19.03
247	木质装饰线 25×25	m	2.00	282	花岗岩板 400×150(综合)	m²	70.00
248	大理石扶手弧形	m	490.00	283	方钢管 25×25×2.5	m	3.10
249	木质装饰线 25×20	m	15.00	284	花岗岩板(综合)	m²	150.00
250	大理石扶手弯头	只	250.00	285	镀锌钢管	kg	4.80
251	木质装饰线 41×85	m	6.50	286	花园岩板 1000×1000(综合)	m²	110.00
252	大理石(踢脚线)	m	32.00	287	不锈钢管	m	15.00
253	木质装饰线 44×51	m	2.40	288	花岗岩板 500×500(综合)	m²	110.00
254	大理石板 1000×1000(综合)	m²	135.00	289	不锈钢管 Φ20×0.8	m	4.80
255	本质装饰线 50×20	m	2.00	290	花岗岩板弧形(成品)	m²	230.00
256	大理石板 400×150(综合)	m²	65.00	291	不锈钢管 Φ25×0.8	m	6.90
257	本质装饰线 80×20	m	4.50	292	花岗岩板拼花(成品)	m²	210.00
258	大理石板 500×500(综合)	m²	135.00	293	不锈钢管 Φ32×1.5	m	18.60
259	本质装饰线 19×6	m	1.90	294	花岗岩点缀	个	17.00
260	大理石板弧形(成品)	m²	330.00	295	不锈钢管 Φ50	m	17.10
261	二角枫木线 50×50	m	13.50	296	花岗岩板弧形(踢脚线)	m²	468.00
262	大理石板拼花(成品)	m²	260.00	297	不锈钢管 Φ75	m	30.00
263	三角装饰线 50mm	m	13.50	298	花岗岩门套	m²	150.00
264	大理石点缀	个	15.50	299	不锈钢管 Φ76×2	m	55.20
265	买木胛线 100mm	m	10.00	300	花岗岩碎块	m²	40.00
266	大理石弧形(踢脚线)	m²	390.00	301	不锈钢方管 37×37	m	17.70
267	机制木花格	m²	181.25	302	石材装饰线 100mm	m	330.00

序号	材料名称	单位	单价（元）	序号	材料名称	单位	单价（元）
303	不锈钢方管 35×38×1	m	13.50	338	凹凸假麻石墙面砖	m²	76.00
304	石材装饰线 100m 以外	m	360.00	339	广场地砖（拼图）	m²	60.00
305	不锈钢方管 45×25	m	15.90	340	瓷板 200×150	m²	32.00
306	石材装饰线 125mm	m	390.00	341	机制砖（红砖）	千块	290.00
307	铝合金扁管 100×44×1.8	m	32.00	342	瓷板 200×200	m²	32.50
308	石材装饰线 175mm	m	430.00	343	水泥花砖 200×200	m²	45.00
309	铝合金方管 20×20	m	8.00	344	瓷板 200×250	m²	33.00
310	石材装饰线 200mm 以外	m	500.00	345	玻璃钢瓦	m²	15.00
311	铝合金方管 25×25×1.2	m	9.00	346	瓷板 200×300	m²	33.50
312	石材装饰线 50m	m	180.00	347	不锈钢格栅门	m²	245.00
313	铜管 Φ25×0.8	m	41.67	348	瓷板 152×152	m²	18.70
314	石材装饰线 80m	m	260.00	349	彩板门	m²	330.00
315	铜管 Φ50	m	166.53	350	瓷砖腰线 200×65	百块	2200.00
316	石材装饰线 95mm 以内	m	310.00	351	防盗门	m²	400.00
317	铜管弯头 Φ60	个	144.40	352	墙面砖 150×75	m²	135.00
318	石膏板装饰线 85mm	m	0.80	353	铝合金推拉门	m²	150.00
319	紧固件	套	0.30	354	墙面砖 194×94	m²	145.00
320	水磨石板	m²	45.00	355	普通钢门	m²	220.00
321	水泥 32.5MPa	kg	0.30	356	墙面砖 240×60	m²	140.00
322	陶瓷地面砖 1000×1000	m²	160.00	357	全玻地弹门	m²	250.00
323	白水泥	kg	0.54	358	墙面砖 95×95	m²	175.00
324	陶瓷地面砖 200×200	m²	36.00	359	全玻璃转门（含玻璃转轴全套）	橙	78000.0
325	石灰	kg	0.16	360	墙面砖 50×50	m²	175.00
326	陶瓷地面砖 300×300	m²	38.00	361	实木装饰门扇（成品）	m²	700.00
327	石英砂	kg	0.39	362	全瓷墙面砖 1000×1200	m²	95.00
328	陶瓷地面砖 400×400	m²	40.00	363	塑钢门（不带亮）	m²	210.00
329	白石子	kg	0.20	364	全瓷墙面砖 1000×800	m²	80.00
330	陶瓷地面砖 500×500	m²	40.50	365	塑钢门（带亮）	m²	220.00
331	文化石	m²	75.00	366	全瓷墙面砖 200×150	m²	145.00
332	陶瓷地面砖 600×600	m²	44.50	367	不锈钢电动伸缩门	m	1260.00
333	琢边蘑菇石	m²	150.00	368	全瓷墙面砖 300×300	m²	77.00
334	陶瓷地面砖 800×800	m²	95.00	369	电子感应自动门	橙	24000.0
335	大白粉	kg	0.16	370	全瓷墙面砖 400×400	m²	60.00
336	陶瓷锦砖（马赛克）	m²	30.00	371	卷闸门电动装置	套	2757.00
337	广场地砖（不拼图）	m²	45.00	372	全瓷墙面砖 450×450	m²	55.00

184

序号	材料名称	单位	单价(元)	序号	材料名称	单位	单价(元)
373	铝合金卷闸门	m²	150.00	408	复层罩面涂料	kg	16.20
374	全瓷墙面砖 500×500	m²	72.00	409	钢门带纱扇	m²	260.00
375	木质防火门(成品)	m²	500.00	410	钙塑涂料	kg	14.00
376	全瓷墙面砖 800×800	m²	80.00	411	暗插销	个	13.00
377	彩板窗	m²	220.00	412	抗碱底涂料	kg	27.50
378	陶瓷砖	m²	5.00	413	闭门器	套	130.00
379	单层塑钢窗	m²	180.00	414	涂料 505 型	kg	3.00
380	106 涂料(内墙禁用)	kg	2.00	415	不锈钢折页	副	20.00
381	铝合金百叶窗	m²	100.00	416	涂料 JH801	kg	4.70
382	177 乳液涂料	kg	8.50	417	不锈钢门拉手	套	320.00
383	铝合金防盗窗	m²	190.00	418	外墙银光涂料	kg	12.00
384	777 乳液涂料	kg	8.50	419	插销 100mm	个	0.80
385	铝合金固定窗	m²	150.00	420	罩光乳胶涂料	kg	19.50
386	803 涂料(内墙禁用)	kg	1.50	421	插销 150mm	个	1.40
387	铝合金平开窗	m²	150.00	422	中层涂料	kg	15.00
388	AC-97 弹性外墙涂料	kg	10.00	423	插销 300mm	个	3.00
389	铝合金平开门	m²	150.00	424	丙烯酸清漆	kg	28.70
390	H 型真石涂料	kg	16.50	425	单弹簧铰链	只	12.00
391	铝合金推拉窗	m²	150.00	426	丙烯酸无光外墙乳胶漆	kg	11.00
392	凹凸复层涂料	kg	16.50	427	弹簧折页 200mm	副	24.00
393	不锈钢防盗窗	m²	200.00	428	丙烯酸有光外墙乳胶漆	kg	12.50
394	丙烯酸彩砂涂料	kg	10.20	429	弹子锁	把	15.00
395	钢窗带纱窗	m²	115.00	430	醇酸磁漆	kg	16.00
396	多彩花纹涂料	kg	10.00	431	地弹簧	副	180.00
397	钢天窗	m²	240.00	432	醇酸锌黄底漆	kg	11.30
398	多彩外墙乳胶涂料	kg	10.00	433	叠式折页 100mm	副	4.40
399	普通钢窗	m²	100.00	434	地板漆	kg	10.00
400	防火涂料	kg	10.00	435	管子拉手 400mm	个	40.00
401	组合钢窗	m²	100.00	436	调和漆	kg	10.00
402	防霉涂料	kg	11.50	437	管子拉手 600mm	个	48.00
403	镀锌铁丝窗纱	m²	5.10	438	防水漆(配套罩面漆)	kg	16.00
404	仿瓷大白膏	kg	1.60	439	折页	副	1.00
405	塑钢窗带纱窗	m²	220.00	440	酚醛清漆	kg	14.30
406	封闭乳胶底涂料	kg	24.30	441	铰链 65 型	副	1.50
407	塑钢轨道	m	8.00	442	大漆(生漆)	kg	62.70

序号	材料名称	单位	单价(元)	序号	材料名称	单位	单价(元)
443	拉手	个	0.30	478	素色家具底漆	L	37.00
444	过氯乙烯磁漆	kg	13.00	479	折页 75mm	副	3.00
445	拉手 100mm	个	0.40	480	素色家具面漆	L	42.00
446	过氯乙烯底漆	kg	10.00	481	执手锁	把	45.00
447	拉手 150mm	个	0.60	482	透明底漆	kg	10.00
448	过氯乙烯清漆	kg	11.00	483	暗折页	副	2.66
449	门吊轨(国产)	m	26.00	484	无光调和漆	kg	11.00
450	金漆	kg	70.00	485	缸砖 150×150	m²	28.00
451	门碰珠	只	3.50	486	硝基清漆	kg	15.00
452	聚氨酯漆	kg	10.00	487	防火板	m²	36.00
453	门铁件	kg	5.50	488	亚光漆	kg	45.00
454	聚氨酯清漆	kg	21.00	489	防火胶板	m²	36.00
455	门下轨(国产)	m	24.00	490	汽车漆	kg	27.70
456	墙漆王乳胶漆	kg	25.00	491	哑光防火板	m²	31.00
457	门眼(猫眼)	只	8.00	492	聚酯漆	kg	19.44
458	乳胶漆	kg	7.50	493	阻燃聚丙烯板	m²	25.00
459	门轧头	副	2.50	494	金属氟碳漆面漆	kg	14.36
460	色调和漆	kg	13.00	495	防火漆	kg	21.00
461	木拉手	个	5.00	496	金属氟碳漆底漆	kg	12.31
462	色聚氨酯漆	kg	18.00	497	沥青矿棉毡 50mm	m²	238.00
463	强力磁碰	个	6.50	498	环氧富锌底漆	kg	18.14
464	手扫漆	L	23.50	499	塑料卷材	m²	18.00
465	双弹簧铰链	只	20.00	500	磷化底漆	kg	20.60
466	手扫漆底漆	L	37.00	501	防水大白粉	kg	4.50
467	铜拉手	个	60.00	502	107 胶	kg	2.80
468	水晶地板漆	kg	41.30	503	玻璃钢	m²	110.00
469	吸门器	副	20.00	504	117 胶	kg	2.70
470	水晶木器底漆	L	37.00	505	玻璃棉毡	m²	10.10
471	折页 100mm	副	1.90	506	202 胶 FSC-2	kg	26.50
472	水晶木器面漆	L	43.00	507	超细玻璃棉	kg	4.50
473	折页 40mm	副	0.50	508	791 胶粘剂	kg	1.40
474	水性绒面涂料面漆	kg	26.00	509	超细玻璃棉板 100 mm	m²	45.00
475	折页 50mm	副	0.70	510	792 胶粘剂	kg	4.30
476	水性绒面涂料中涂层	kg	21.00	511	超细玻璃棉板 120 mm	m²	56.00
477	折页 63mm	副	0.80	512	903 胶	kg	10.00

序号	材料名称	单位	单价(元)	序号	材料名称	单位	单价(元)
513	超细玻璃棉板 50 mm	m²	24.00	548	结构胶	kg	48.00
514	CX-401 胶	kg	12.00	549	地毯烫带	m²	5.60
515	超细玻璃棉板 75 mm	m²	34.00	550	结构胶 DC995	L	43.00
516	SPS（调和剂）	kg	7.00	551	防静电地毯	m²	185.00
517	袋装矿棉 100 mm	m²	8.00	552	金箔胶	kg	80.00
518	SY－19 胶	kg	15.20	553	化纤地毯	m²	30.00
519	袋装矿棉 120 mm	m²	45.00	554	立时得胶	kg	18.50
520	XY401 胶	kg	12.00	555	羊毛地毯	m²	130.00
521	袋装矿棉 50 mm	m²	20.00	556	密封胶	支	4.60
522	XY-518 胶	kg	15.20	557	木质活动地板 600×600×25	m²	320.00
523	袋装矿棉 75mm	m²	35.00	558	密封胶	kg	15.20
524	YJ-302 胶粘剂	kg	16.00	559	杉木地板平口	m²	105.00
525	聚氨酯泡沫塑料	kg	35.00	560	耐候硅酮密封胶 350g	支	32.00
526	YJ-Ⅲ 胶粘剂	kg	16.00	561	杉木地板企口	m²	120.00
527	聚苯乙烯泡沫板 100mm	m²	45.00	562	乳白胶	kg	6.00
528	玻璃胶 300mL	支	10.00	563	树脂软木地板	m²	110.00
529	聚苯乙烯泡沫板 120mm	m²	54.00	564	乳白胶片	m²	31.00
530	玻璃胶 310mL	支	12.00	565	松木地板平口	m²	40.00
531	聚苯乙烯泡沫板 50mm	m²	22.50	566	乳胶	kg	6.00
532	玻璃胶 350g	支	19.80	567	松木地板企口	m²	55.00
533	聚苯乙烯泡沫板 75mm	m²	34.00	568	石材(云石)胶	kg	2.90
534	大理石胶	kg	2.90	569	硬木地板(平口)成品	m²	105.00
535	泡沫塑料 30 mm	m²	4.60	570	塑料胶粘剂	kg	9.00
536	大力胶	kg	15.00	571	硬木地板(企口)成品	m²	120.00
537	岩棉	m²	13.60	572	万能胶	kg	15.00
538	干粉型胶粘剂	kg	1.53	573	硬木地板砖(平口)成品	m²	75.00
539	岩棉吸声板	m²	20.00	574	胶粘剂 CAD	kg	18.00
540	过氯乙烯腻子	kg	6.10	575	硬木地板砖(企口)成品	m²	90.00
541	塑胶	m²	130.00	576	胶粘剂	kg	2.60
542	建筑胶	kg	14.00	577	硬木拼花地板(平口)成品	m²	95.00
543	橡胶板	m²	25.00	578	(喷塑)底层巩固剂	kg	12.20
544	建筑密封膏	kg	7.00	579	硬木拼花地板(企口)成品	m²	110.00
545	橡胶条(9字形)	m²	5.00	580	107 氯偏乳液	kg	6.60
546	建筑油膏	kg	1.80	581	柚木企口板	m²	6500.00
547	地毯胶垫	m²	13.00	582	丙烯酸稀释剂	kg	18.40

序号	材料名称	单位	单价(元)	序号	材料名称	单位	单价(元)
583	榉木实木踢脚(直形)	m²	220.00	618	松香水	kg	7.00
584	臭油水	kg	0.45	619	UC38主龙骨12×38	m	5.00
585	木踢脚板(成品)	m²	12.00	620	羧甲基纤维素	kg	15.60
586	醇酸稀释剂	kg	6.90	621	边龙骨22×22	m	2.60
587	杉木踢脚板(直形)	m²	65.00	622	辛那水	L	12.30
588	丁醇	kg	6.30	623	次龙骨25×24	m	3.40
589	复合板踢脚线	m²	17.00	624	添加剂	kg	11.60
590	二甲苯稀释剂	kg	9.40	625	大龙骨	m	3.80
591	复合地板(成品)	m²	70.00	626	纤维素	kg	15.60
592	氟化钠	kg	1.40	627	镀锌轻钢大龙骨38系列	m	3.80
593	竹地板(成品)	m²	120.00	628	硝基稀释剂	kg	12.30
594	固化剂	kg	5.00	629	镀锌轻钢中小龙骨	m	3.20
595	防静电踢脚扳	m²	380.00	630	亚麻仁油	kg	8.30
596	过氯乙烯稀释剂	kg	11.60	631	轻钢龙骨75×40×0.63	m	6.50
597	铝质防静电地板500×500	m²	510.00	632	银粉	kg	12.00
598	环氧树脂	kg	24.00	633	轻钢龙骨75×50×0.63	m	7.80
599	塑料防静电地板200mm厚	m²	140.00	634	0#锌	kg	7.38
600	界面剂	kg	17.50	635	轻钢龙骨不上人型(跌级)300×300	m²	10.89
601	软木橡胶地板	m²	125.00	636	助镀剂	kg	15.80
602	聚酯酸乙烯乳液	kg	6.60	637	轻钢龙骨不上人型(跌级)450×450	m²	8.30
603	塑料地板(平口)	m²	18.00	638	氩气	m³	12.50
604	可赛银	kg	0.60	639	轻钢龙骨不上人型(跌级)600×600	m²	7.78
605	塑料地板(企口)	m²	23.00	640	氧气	m³	3.50
606	氯化钠	kg	5.40	641	轻钢龙骨不上人(跌级)600×600以上	m²	7.26
607	塑料踢脚板	m²	113.00	642	乙炔气	m³	15.50
608	面层高光面油	kg	31.70	643	轻钢龙骨不上人型(平面)300×300	m²	9.33
609	不锈钢踢脚板	m²	172.00	644	乙炔气	kg	13.25
610	清漆稀释剂	kg	9.70	645	轻钢龙骨不上人型(平面)450×450	m²	7.39
611	金属踢脚板	m²	172.00	646	原子灰	kg	12.85
612	清油	kg	11.30	647	轻钢龙骨不上人型(平面)600×600	m²	7.26
613	钛金不锈钢复合地板	m²	360.00	648	透明腻子	kg	10.50
614	石材保护液	kg	15.50	649	轻钢龙骨不上人(平面)600×600以上	m²	6.74
615	H龙骨20×20	m	4.60	650	聚酯漆稀释剂	kg	15.15
616	熟桐油	kg	14.50	651	轻钢龙骨不上人型(圆弧形)	m²	21.76
617	T形复合主龙骨25×32	m	5.80	652	金属氟碳漆面漆稀释剂	kg	11.29

序号	材料名称	单位	单价(元)	序号	材料名称	单位	单价(元)
653	轻钢龙骨平面连接件	个	0.40	688	不锈钢上下帮	m	87.00
654	金属氟碳漆底漆稀释剂	kg	11.29	689	方筒形铝合金(含配件)1200×1200	m²	140.00
655	轻钢龙骨上人型(跌级)300×300	m²	17.78	690	不锈钢四爪件	套	63.00
656	环氧富锌底漆稀释剂	kg	13.30	691	方筒形铝合金(含配件)600×600	m²	120.00
657	轻钢龙骨上人型(跌级)450×450	m²	14.81	692	不锈钢挑衣架	个	13.50
658	氟碳漆腻子	kg	3.28	693	方筒形铝合金(含配件)900×900	m²	110.00
659	轻钢龙骨上人型(跌级)600×600	m²	13.33	694	不锈钢托架	个	63.60
660	不锈钢包角	m	19.50	695	方形或三角形铝合金吸声格栅(配件)	m²	130.00
661	轻钢龙骨上人型(跌级)600×600以上	m²	11.85	696	不锈钢卫生纸盒	个	18.00
662	不锈钢承珠	个	1.20	697	方形铝合金空腹格栅(含配件)	m²	110.00
663	轻钢龙骨上人型(平面)300×300	m²	13.33	698	不锈钢压板	m	12.60
664	不锈钢窗帘杆	副	45.00	699	分光银色铝型格栅	m²	120.00
665	轻钢龙骨上人型(平面)450×450	m²	11.85	700	不锈钢压棍	m	12.00
666	不锈钢单爪件	套	96.00	701	铝格栅(含配件)100×100×4.5	m²	150.00
667	轻钢龙骨上人型(平面)600×600	m²	11.11	702	不锈钢压条2mm	m	12.60
668	不锈钢二爪件	套	63.00	703	铝格栅(含配件)125×125×4.5	m²	145.00
669	轻钢龙骨上人型(平面)600×600以上	m²	10.37	704	不锈钢滑道	m	58.00
670	不锈钢肥皂盒	个	25.00	705	铝格栅(含配件)150×150×4.5	m²	135.00
671	轻钢龙骨上人型(圆弧形)	m²	35.56	706	镜面不锈钢片(8k)	m²	193.00
672	不锈钢环Φ51	个	3.00	707	铝骨架	kg	29.00
673	轻钢龙骨主接件	个	1.20	708	晒衣架	套	120.00
674	不锈钢卡口槽	m	37.30	709	铝合金L型30×12×1	m	2.70
675	中小龙骨	m	3.20	710	不锈钢吊架	套	160.00
676	不锈钢连接件	个	3.70	711	铝合金U型80×13×1.2	m	5.00
677	不锈钢干挂件(钢骨架干挂材专用)	套	12.50	712	不锈钢用品架	个	80.00
678	不锈钢毛巾环	只	69.00	713	铝合金边龙骨T型H22	m	2.90
679	不锈钢格栅	m²	240.00	714	不锈钢浴巾架	个	150.00
680	不锈钢毛巾架	副	70.00	715	铝合金大龙骨U型H45	m	5.80
681	T型铝金小龙骨H22	m	3.70	716	白钢扣钉	个	0.20
682	不锈钢片1mm	m²	182.00	717	铝合金大龙骨垂直吊挂件	个	1.70
683	T型合金中龙骨H30	m	3.70	718	不锈钢钉	kg	21.50
684	不锈钢球Φ63	个	10.00	719	铝合金格栅(含配件)125×125×60	m²	160.00
685	铝合金大龙骨H60	m	6.70	720	镀锌半圆头钉	kg	7.50
686	不锈钢球Φ100	个	19.00	721	铝合金格栅(含配件)158×158×60	m²	165.00
687	多边形铝合金空腹格栅(含配件)	m²	90.00	722	镀锌机螺钉	只	0.08

序号	材料名称	单位	单价(元)	序号	材料名称	单位	单价(元)
723	铝合金格栅(含配件)90×90×60	m²	110.00	758	回转扣件	个	5.60
724	平头机螺丝 Φ8×40	个	0.04	759	铝合金龙骨上人型(平面)300×300	m²	94.00
725	铝合金花片格栅(含配件)25×25×25	m²	75.00	760	铝合金回风口(成品)	个	88.00
726	装饰螺钉	个	0.10	761	铝合金龙骨上人型(平面)450×450	m²	90.00
727	铝合金花片格栅(含配件)40×40×40	m²	82.00	762	铝合金送风口(成品)	个	88.00
728	抽屉轨道	副	6.00	763	铝合金龙骨上人型(平面)600×600	m²	87.00
729	铝合金龙骨 60×30×1.5	m	7.50	764	旗杆球珠	套	45.00
730	铝合金轨道	m	16.00	765	铝合金龙骨上人型(平面)600×600以上	m²	83.00
731	铝合金龙骨边接件	个	0.10	766	铜U型卡	只	46.00
732	铝合金轨道 TS-S	m	14.00	767	铝合金龙骨小连接件	个	0.70
733	铝合金龙骨不上人型(跌级)300×300	m²	69.00	768	法兰盘 Φ58	个	2.80
734	下滑轨	m	10.00	769	铝合金龙骨主接件	个	1.50
735	铝合金龙骨不上人型(跌级)450×450	m²	66.00	770	不锈钢法兰 Φ75	个	9.00
736	合金钢钻头	个	18.50	771	铝合金条板龙骨 H35	m²	38.00
737	铝合金龙骨不上人型(跌级)600×600	m²	62.00	772	不锈钢法兰盘 Φ59	个	5.90
738	合金钢钻头 Φ10	个	6.70	773	铝合金条板龙骨 H45	m	7.80
739	铝合金龙骨不上人(跌级)600×600以上	m²	59.00	774	镀锌法兰盘 Φ50	只	2.50
740	合金钢钻头 Φ20	个	43.40	775	铝合金条板龙骨垂直吊挂件	个	0.20
741	铝合金龙骨不上人型(平面)300×300	m²	59.00	776	铜法兰 Φ59	个	4.50
742	弹簧件	件	0.50	777	铝合金中龙骨 T型 H45	m	5.80
743	铝合金龙骨不上人型(平面)450×450	m²	56.00	778	浴缸拉手	副	82.00
744	38吊件	件	1.00	779	铝合金中龙骨垂直吊挂件	个	1.00
745	铝合金龙骨不上人型(平面)600×600	m²	52.00	780	吊杆	kg	4.30
746	38接长件	件	1.20	781	铝合金中龙骨平面连接件	个	0.50
747	铝合金龙骨不上人(平面)600×600以上	m²	49.00	782	亚克力灯箱片 3mm	m²	130.00
748	插接件	个	0.80	783	条形铝合金空腹格栅(含配件)	m²	96.00
749	铝合金龙骨次接件	个	0.90	784	白色有机灯片	m²	73.00
750	抽屉锁	把	4.00	785	条形铝合金吸声格栅(含配件)	m²	120.00
751	铝合金龙骨上人型(跌级)300×300	m²	110.00	786	灯格片	m²	65.00
752	磁性碰珠	只	6.50	787	圆筒形铝合金(含配件)600×600	m²	80.00
753	铝合金龙骨上人型(跌级)450×450	m²	106.00	788	石膏艺术浮雕灯盘 Φ900	只	60.00
754	风钩 200mm	个	1.50	789	圆筒形铝合金(含配件)800×800	m²	85.00
755	铝合金龙骨上人型(跌级)600×600	m²	103.00	790	石膏艺术浮雕角花 280×280	只	18.00
756	固定铁件	kg	5.50	791	直条铝合金格栅(含配件)1260×60×126	m²	120.00
757	铝合金龙骨上人型(跌级)600×600以上	m²	99.00	792	木脚手板	m³	1200.00

序号	材料名称	单位	单价(元)	序号	材料名称	单位	单价(元)
793	直条铝合金格栅(含配件)1260×90×60	m²	105.00	824	化纤壁毡	m²	12.00
794	木脚手杆	m³	900.00	825	塑料扣板(空腹)	m²	30.00
795	直条铝合金格栅(含配件)630×60×126	m²	118.00	826	百叶窗帘	m²	18.00
796	金属字 1000×1250	个	115.00	827	塑料面板	m²	28.00
797	直条型铝合金格栅(含配件)630×60×90	m²	118.00	828	垂直亚麻窗帘	m²	28.00
798	金属字 600×800	个	45.00	829	塑面板	m²	50.00
799	木龙骨 30×40mm	m³	1250.00	830	布帘	m²	11.00
800	金属字 900×1000	个	80.00	831	硬塑料板	m²	28.00
801	石膏板	m²	10.00	832	纱帘	m²	10.00
802	金属字 400×400	个	15.00	833	电化铝装饰板宽100mm	m²	70.00
803	石膏吸声板	m²	20.00	834	绢帛	m²	33.61
804	美术字 400×400	个	20.00	835	铝合金插缝板	m²	92.00
805	矿棉板	m²	15.00	836	砂轮片 Φ20	片	11.00
806	门牌(成品)	个	38.00	837	铝合金穿孔面板	m²	90.00
807	矿棉吸声板	m²	23.00	838	石料切割锯片	片	75.00
808	木质字 600×800	个	48.00	839	铝合金格片	m²	80.00
809	FC板	m²	40.00	840	底座	个	5.00
810	木质字 900×1000	个	90.00	841	铝合金挂片(100mm间距)	m²	130.00
811	波音板	m²	60.00	842	地板蜡	kg	16.40
812	木质字 400×400	个	16.00	843	铝合金挂片(150mm间距)	m²	110.00
813	波音软片	m²	40.00	844	定滑轮	套	50.00
814	泡沫塑料有机玻璃字 600×600	个	60.00	845	铝合金挂片(200mm间距)	m²	80.00
815	玻璃纤维板	m²	25.00	846	软蜡	kg	15.50
816	泡沫塑料有机玻璃字 900×1000	个	144.00	847	铝合金挂片(块型)	m²	90.00
817	钙塑板	m²	20.00	848	贴缝纸带	m	0.80
818	电磁感应装置	套	15000.0	849	铝合金靠墙条板	m	7.50
819	隔音板	m²	18.00	850	羊角架300	个	5.00
820	丝绒面料	m²	40.00	851	铝合金扣板	m²	60.00
821	真空镀膜仿金(仿银)装饰板	m²	28.00	852	水	m²	2.60
822	装饰布	m²	11.00	853	铝合金平方板	m²	85.00
823	PVC扣板	m²	15.00	854	松节油	kg	9.50

三、定额景观材料价格表

序号	材料名称	单价	单价(元)	序号	材料名称	单位	单价(元)
1	钢筋	t	3550.00	35	室外镀锌钢管接头零件 DN100	个	18.58
2	钢筋 Φ10 以内	t	3550.00	36	室外镀锌钢管接头零件 DN20	个	0.88
3	钢筋 Φ5 以内	t	3550.00	37	室外镀锌钢管接头零件 DN25	个	1.44
4	型钢(综合)	kg	3.60	38	室外镀锌钢管接头零件 DN32	个	2.17
5	圆钢(综合)	kg	3.50	39	室外镀锌钢管接头零件 DN40	个	3.05
6	圆钢(综合)	t	3500.00	40	室外镀锌钢管接头零件 DN50	个	4.62
7	角钢(综合)	t	3500.00	41	室外镀锌钢管接头零件 DN80	个	11.33
8	角钢 50×5	t	3500.00	42	喷泉管件 DN20	个	1.00
9	镀锌圆钢 Φ10	t	3750.00	43	喷泉管件 DN25	个	1.52
10	预埋铁件	kg	4.10	44	喷泉管件 DN32	个	2.36
11	锯材	m³	1200.00	45	喷泉管件 DN50	个	4.67
12	杉原木	m³	1200.00	46	喷泉管件 DN75	个	10.29
13	硬木	m³	2400.00	47	喷泉管件 DN100	个	20.64
14	圆木桩	m³	1200.00	48	水泥 32.5MPa	kg	0.30
15	板材	m³	1700.00	49	水泥 42.5MPa	kg	0.30
16	硬木枋材	m³	2400.00	50	白水泥	kg	0.54
17	二等锯材	m³	1050.00	51	生石灰	kg	0.16
18	板方材	m³	1700.00	52	石灰膏	m³	158.20
19	二等枋木	m³	1080.00	53	黄砂	m³	39.00
20	二等中方	m³	1400.00	54	砂子	m³	50.00
21	方木	m³	1700.00	55	天然砂细砂	m³	50.00
22	枋材	m³	1100.00	56	中砂(干净)	m³	50.00
23	木方 3×4cm	m	2.04	57	本色卵石 4~6cm	t	300.00
24	木方 4×6cm	m	4.08	58	冰片石	m³	750.00
25	钢管 DN20	kg	4.00	59	彩色卵石 1~3cm	t	1500.00
26	钢管 DN25	kg	4.00	60	彩色石子	kg	0.23
27	钢管 DN32	kg	3.90	61	方整石	m³	180.00
28	镀锌钢管 DN25	m	12.17	62	方整石板	m³	180.00
29	镀锌钢管 DN80	m	40.90	63	块石	m³	65.00
30	镀锌钢管 DN50	m	24.04	64	砾石	m³	55.00
31	镀锌钢管 DN20	m	8.25	65	料石	m³	170.00
32	镀锌钢管 DN32	m	15.44	66	毛料石	m³	170.00
33	镀锌钢管 DN40	m	18.95	67	毛石	m³	55.00
34	镀锌钢管 DN100	m	54.32	68	小方石头	m³	55.00

序号	材料名称	单位	单价(元)	序号	材料名称	单位	单价(元)
69	黄石	t	220.00	106	石性颜料	m³	4.50
70	粘土	m³	30.00	107	巴黎绿	kg	160.00
71	大白粉	kg	0.16	108	群青	kg	5.75
72	石膏粉特制	kg	0.56	109	白胶(聚醋酸乙烯乳液)	kg	9.00
73	机制砖(红砖)240×115×53	千块	290.00	110	金胶漆	kg	70.00
74	彩色砖 23×11.5×7mm	m²	45.00	111	氧气	m³	3.50
75	荷兰砖	m²	24.00	112	乙炔气	m³	15.50
76	机制砖(红砖)	千块	290.00	113	乙炔气	kg	15.50
77	机制砖(红砖)	块	0.29	114	沥青绝缘漆	kg	9.20
78	机制砖(红砖)	百块	29.00	115	铜接线端子 DT-16m²	个	3.00
79	瓦片	百块	245.00	116	镀锌扁钢支架 40×3	kg	4.30
80	小青瓦	千块	276.00	117	帆布水龙带	m	8.00
81	小青瓦 160×160×11	百块	20.40	118	嵌草砖	m²	44.00
82	小青瓦 180×180	百块	22.80	119	有机肥(土堆肥)	m³	40.00
83	筒瓦 150×120(7″)	百块	77.00	120	种植土	m³	25.00
84	沟头瓦 195×120(10″)	百块	165.00	121	块状树皮 厚7cm	m³	700.00
85	琉璃底瓦 1#350×280	块	2.67	122	树棍 1.2m	根	3.24
86	琉璃底瓦 2#300×220	块	1.54	123	树棍 2.2m	根	5.94
87	琉璃底瓦 3#290×200	块	1.24	124	杂木杆 2.5m	根	6.75
88	琉璃底瓦 4#260×150	块	1.24	125	杂木杆 3m	根	8.10
89	琉璃盖瓦 1#300×180	块	2.67	126	竹梢 1.2m	根	3.24
90	琉璃盖瓦 2#300×150	块	1.54	127	竹梢 2.2m	根	5.94
91	琉璃盖瓦 3#260×130	块	1.24	128	弹片石	m³	170.00
92	琉璃盖瓦 4#220×110	块	1.24	129	石砂	m³	36.00
93	望砖 210×105×17	m²	387.60	130	汀步石	m³	175.00
94	改性沥青卷材(3mm)	m²	15.00	131	木脚手板	m³	1200.00
95	防水剂	kg	3.50	132	木脚手杆	根	43.20
96	改性沥青嵌缝油膏	kg	3.60	133	麦草	kg	1.00
97	石油沥青	kg	3.80	134	茅草	kg	1.10
98	防水粉(液)	kg	15.00	135	棚箦	kg	2.50
99	蛭石	m³	78.00	136	山草	kg	1.11
100	铁栏杆	kg	3.60	137	水	t	2.60
101	花坛铁艺栏杆	m²	95.00	138	焦炭	kg	1.40
102	花岗岩板(综合)	m²	150.00	139	煤	t	600.00
103	片石	m³	38.00	140	汽油 90#	kg	5.86
104	条石	m³	170.00	141	煤焦油	kg	2.35
105	油漆溶剂油	kg	6.60	142	煤油	kg	6.40

附录 3

《建筑工程建筑面积计算规范》
GB/T 50353—2013

1 总 则

1.0.1 为规范工业与民用建筑工程建设全过程的建筑面积计算，统一计算方法，制定本规范。

1.0.2 本规范适用于新建、扩建、改建的工业与民用建筑工程建设全过程的建筑面积计算。

1.0.3 建筑工程的建筑面积计算，除应符合本规范外，尚应符合国家现行有关标准的规定。

2 术 语

2.0.1 建筑面积 construction area
建筑物（包括墙体）所形成的楼地面面积。

2.0.2 自然层 floor
按楼地面结构分层的楼层。

2.0.3 结构层高 structure story height
楼面或地面结构层上表面至上部结构层上表面之间的垂直距离。

2.0.4 围护结构 building enclosure
围合建筑空间的墙体、门、窗。

2.0.5 建筑空间 space
以建筑界面限定的、供人们生活和活动的场所。

2.0.6 结构净高 structure net height
楼面或地面结构层上表面至上部结构层下表面之间的垂直距离。

2.0.7 围护设施 enclosure facilities
为保障安全而设置的栏杆、栏板等围挡。

2.0.8 地下室 basement
室内地平面低于室外地平面的高度超过室内净高的1/2的房间。

2.0.9 半地下室 semi-basement
室内地平面低于室外地平面的高度超过室内净高的1/3，且不超过1/2的房间。

2.0.10 架空层 stilt floor
仅有结构支撑而无外围护结构的开敞空间层。

2.0.11 走廊 corridor
建筑物中的水平交通空间。

2.0.12 架空走廊 elevated corridor

专门设置在建筑物的二层或二层以上，作为不同建筑物之间水平交通的空间。

2.0.13　结构层　structure layer

整体结构体系中承重的楼板层。

2.0.14　落地橱窗　french window

突出外墙面且根基落地的橱窗。

2.0.15　凸窗（飘窗）　bay window

凸出建筑物外墙面的窗户。

2.0.16　檐廊　eaves gallery

建筑物挑檐下的水平交通空间。

2.0.17　挑廊　overhanging corridor

挑出建筑物外墙的水平交通空间。

2.0.18　门斗　air lock

建筑物入口处两道门之间的空间。

2.0.19　雨篷　canopy

建筑出入口上方为遮挡雨水而设置的部件。

2.0.20　门廊　porch

建筑物入口前有顶棚的半围合空间。

2.0.21　楼梯　stairs

由连续行走的梯级、休息平台和维护安全的栏杆（或栏板）、扶手以及相应的支托结构组成的作为楼层之间垂直交通使用的建筑部件。

2.0.22　阳台　balcony

附设于建筑物外墙，设有栏杆或栏板，可供人活动的室外空间。

2.0.23　主体结构　major structure

接受、承担和传递建设工程所有上部荷载，维持上部结构整体性、稳定性和安全性的有机联系的构造。

2.0.24　变形缝　deformation joint

防止建筑物在某些因素作用下引起开裂甚至破坏而预留的构造缝。

2.0.25　骑楼　overhang

建筑底层沿街面后退且留出公共人行空间的建筑物。

2.0.26　过街楼　overhead building

跨越道路上空并与两边建筑相连接的建筑物。

2.0.27　建筑物通道　passage

为穿过建筑物而设置的空间。

2.0.28　露台　terrace

设置在屋面、首层地面或雨篷上的供人室外活动的有围护设施的平台。

2.0.29　勒脚　plinth

在房屋外墙接近地面部位设置的饰面保护构造。

2.0.30　台阶　step

联系室内外地坪或同楼层不同标高而设置的阶梯形踏步。

3 计算建筑面积的规定

3.0.1 建筑物的建筑面积应按自然层外墙结构外围水平面积之和计算。结构层高在2.20m及以上的，应计算全面积；结构层在2.20m以下的，应计算1/2面积。

3.0.2 建筑物内设有局部楼层时，对于局部楼层的二层及以上楼层，有围护结构的应按其围护结构外围水平面积计算，无围护结构的应按其结构底板水平面积计算。结构层高在2.20m及以上的，应计算全面积；结构层高在2.20m以下的，应计算1/2面积。

3.0.3 形成建筑空间的坡屋顶，结构净高在2.10m及以上的部位应计算全面积；结构净高在1.20m及以上至2.10m以下的部位应计算1/2面积；结构净高在1.20m以下的部位不应计算建筑面积。

3.0.4 场馆看台下的建筑空间，结构净高在2.10m及以上的部位应计算全面积；结构净高在1.20m及以上至2.10m以下的部位应计算1/2面积；结构净高在1.20m以下的部位不应计算建筑面积。室内单独设置的有围护设施的悬挑看台，应按看台结构底板水平投影面积计算建筑面积。有顶盖无围护结构的场馆看台应按其顶盖水平投影面积的1/2计算面积。

3.0.5 地下室、半地下室应按其结构外围水平面积计算。结构层高在2.20m及以上的，应计算全面积；结构层高在2.20m以下的，应计算1/2面积。

3.0.6 出入口外墙外侧坡道有顶盖的部位，应按其外墙结构外围水平面积的1/2计算面积。

3.0.7 建筑物架空层及坡地建筑物吊脚架空层，应按其顶板水平投影计算建筑面积。结构层高在2.20m及以上的，应计算全面积；结构层高在2.20m以下的，应计算1/2面积。

3.0.8 建筑物的门厅、大厅应按一层计算建筑面积，门厅、大厅内设置的走廊应按走廊结构底板水平投影面积计算建筑面积。结构层高在2.20m及以上的，应计算全面积；结构层高在2.20m以下的，应计算1/2面积。

3.0.9 建筑物间的架空走廊，有顶盖和围护结构的，应按其围护结构外围水平面积计算全面积；无围护结构、有围护设施的，应按其结构底板水平投影面积计算1/2面积。

3.0.10 立体书库、立体仓库、立体车库，有围护结构的，应按其围护结构外围水平面积计算建筑面积；无围护结构、有围护设施的，应按其结构底板水平投影面积计算建筑面积。无结构层的应按一层计算，有结构层的应按其结构层面积分别计算。结构层高在2.20m及以上的，应计算全面积；结构层高在2.20m以下的，应计算1/2面积。

3.0.11 有围护结构的舞台灯光控制室，应按其围护结构外围水平面积计算。结构层高在2.20m及以上的，应计算全面积；结构层高在2.20m以下的，应计算1/2面积。

3.0.12 附属在建筑物外墙的落地橱窗，应按其围护结构外围水平面积计算。结构层高在2.20m及以上的，应计算全面积；结构层高在2.20m以下的，应计算1/2面积。

3.0.13 窗台与室内楼地面高差在 0.45m 以下且结构净高在 2.10m 及以上的凸（飘）窗，应按其围护结构外围水平面积计算 1/2 面积。

3.0.14 有围护设施的室外走廊（挑廊），应按其结构底板水平投影面积计算 1/2 面积；有围护设施（或柱）的檐廊，应按其围护设施（或柱）外围水平面积计算 1/2 面积。

3.0.15 门斗应按其围护结构外围水平面积计算建筑面积。结构层高在 2.20m 及以上的，应计算全面积；结构层高在 2.20m 以下的，应计算 1/2 面积。

3.0.16 门廊应按其顶板水平投影面积的 1/2 计算建筑面积；有柱雨篷应按其结构板水平投影面积的 1/2 计算建筑面积；无柱雨篷的结构外边线至外墙结构外边线的宽度在 2.10m 及以上的，应按雨篷结构板的水平投影面积的 1/2 计算建筑面积。

3.0.17 设在建筑物顶部的、有围护结构的楼梯间、水箱间、电梯机房等，结构层高在 2.20m 及以上的应计算全面积；结构层高在 2.20m 以下的，应计算 1/2 面积。

3.0.18 围护结构不垂直于水平面的楼层，应按其底板面的外墙外围水平面积计算。结构净高在 2.10m 及以上的部位，应计算全面积；结构净高在 1.20m 及以上至 2.10m 以下的部位，应计算 1/2 面积；结构净高在 1.20m 以下的部位，不应计算建筑面积。

3.0.19 建筑物的室内楼梯、电梯井、提物井、管道井、通风排气竖井、烟道，应并入建筑物的自然层计算建筑面积。有顶盖的采光井应按一层计算面积，结构净高在 2.10m 及以上的，应计算全面积，结构净高在 2.10m 以下的，应计算 1/2 面积。

3.0.20 室外楼梯应并入所依附建筑物自然层，并应按其水平投影面积的 1/2 计算建筑面积。

3.0.21 在主体结构内的阳台，应按其结构外围水平面积计算全面积；在主体结构外的阳台，应按其结构底板水平投影面积计算 1/2 面积。

3.0.22 有顶盖无围护结构的车棚、货棚、站台、加油站、收费站等，应按其顶盖水平投影面积的 1/2 计算建筑面积。

3.0.23 以幕墙作为围护结构的建筑物，应按幕墙外边线计算建筑面积。

3.0.24 建筑物的外墙外保温层，应按其保温材料的水平截面积计算，并计入自然层建筑面积。

3.0.25 与室内相通的变形缝，应按其自然层合并在建筑物建筑面积内计算。对于高低联跨的建筑物，当高低跨内部连通时，其变形缝应计算在低跨面积内。

3.0.26 对于建筑物内的设备层、管道层、避难层等有结构层的楼层，结构层高在 2.20m 及以上的，应计算全面积；结构层高在 2.20m 以下的，应计算 1/2 面积。

3.0.27 下列项目不应计算建筑面积：

1 与建筑物内不相连通的建筑部件；

2 骑楼、过街楼底层的开放公共空间和建筑物通道；

3 舞台及后台悬挂幕布和布景的天桥、挑台等；

4 露台、露天游泳池、花架、屋顶的水箱及装饰性结构构件；

5 建筑物内的操作平台、上料平台、安装箱和罐体的平台；

6 勒脚、附墙柱、垛、台阶、墙面抹灰、装饰面、镶贴块料面层、装饰性幕墙，主体结构外的空调室外机搁板（箱）、构件、配件，挑出宽度在2.10m以下的无柱雨篷和顶盖高度达到或超过两个楼层的无柱雨篷；

7 窗台与室内地面高差在0.45m以下且结构净高在2.10m以下的凸（飘）窗，窗台与室内地面高差在0.45m及以上的凸（飘）窗；

8 室外爬梯、室外专用消防钢楼梯；

9 无围护结构的观光电梯；

10 建筑物以外的地下人防通道，独立的烟囱、烟道、地沟、油（水）罐、气柜、水塔、贮油（水）池、贮仓、栈桥等构筑物。

主要参考文献

1.《建设工程工程量计价规范》GB 50500—2003、GB 50500—2008

2. 建设部标准定额研究所. 建设工程工程量计价规范宣贯辅导教材. 北京：中国计划出版社，2003

3. 全国一级建造师执业资格考试用书编写委员会. 建设工程经济. 北京：中国建筑工业出版社，2004

4. 全国二级建造师执业资格考试用书编写委员会. 装饰装修工程管理与实务. 北京：中国建筑工业出版社，2004

5. 辽宁省建设厅. 辽宁省装饰装修工程消耗量定额. 沈阳市出版社，2003

6. 辽宁省建设厅. 辽宁省财政厅，B 装饰装修工程计价定额. 沈阳：辽宁人民出版社，2008

7. 辽宁省建设厅. 辽宁省财政厅，C 园林工程计价定额. 沈阳：辽宁人民出版社，2008